高等学校教材

科学计算与 MATLAB 语言

Scientific Computing with MATLAB Language

陈 杰 编著

U0347936

测绘出版社

·北京·

内容简介

本书由浅入深、循序渐进地介绍 MATLAB 编程基础与本科生在学习与研究中可能接触到的科学计算知识。在科学计算方面,本书主要根据高等数学中会学到的一些数学知识,有意识地安排线性代数、插值与拟合、数学分析、概率统计等相关科学计算内容,MATLAB 编程基础包括其基本语法、函数文件、数据类型及运算、绘图可视化等内容;本书还设置了数据挖掘章节,旨在通过对学生数学建模知识的培养提高他们分析与解决科学计算问题的综合运用能力。

本书适合理工科本科生、研究生作为教材,也可以为相关施教者提供一定参考。

图书在版编目(CIP)数据

科学计算与 MATLAB 语言/陈杰编著. —北京:测绘出版社,2020.4
高等学校教材
ISBN 978-7-5030-4266-9

Ⅰ. ①科… Ⅱ. ①陈… Ⅲ. ①Matlab 软件—应用—科学计算—高等学校—教材 Ⅳ. ①TP317②N32

中国版本图书馆 CIP 数据核字(2019)第 209773 号

责任编辑	侯杨杨	封面设计	李 伟	责任校对	赵 瑷	责任印制	吴 芸

出版发行	测绘出版社	电 话	010—83543965(发行部)
地 址	北京市西城区三里河路 50 号		010—68531609(门市部)
邮政编码	100045		010—68531363(编辑部)
电子邮箱	smp@sinomaps.com	网 址	www.chinasmp.com
印 刷	北京建筑工业印刷厂	经 销	新华书店
成品规格	184mm×260mm		
印 张	11.125	字 数	265 千字
版 次	2020 年 4 月第 1 版	印 次	2020 年 4 月第 1 次印刷
印 数	0001—1000	定 价	48.00 元

书 号	ISBN 978-7-5030-4266-9

本书如有印装质量问题,请与我社门市部联系调换。

前　言

在大数据时代,可实时监测与跟踪研究对象在互联网上产生的海量行为数据,并通过挖掘分析来揭示规律性的事物。人工智能可以主动提取数据特征,发现、建立数据间的普遍联系。自然科学规律通常可以用各种类型的数学方程式进行表达。科学计算则利用计算机再现、预测和发现客观世界运动规律和演化特征的全过程,它是为解决科学和工程中的数学问题而利用计算机进行的数值计算。大数据与人工智能时代的发展更加强调对科学计算教学内容和教学理念的调整与思考。

MATLAB 是一种集数值与符号计算,数据可视化及交互式仿真环境为一体的大型集成化科学计算软件和编程语言。因其功能强大、简单易学、编程效率高,三十多年来一直在金融、数学、信号分析、图像处理、计算生物学、自动控制系统设计等诸多领域得到了广泛的应用,是当今国际公认的最优秀的科学计算工具之一。

"科学计算与 MATLAB 语言"是理工科高等院校普遍开设的一门专业基础课程,旨在培养学生运用现代数学建模手段分析解决科学和工程问题的能力。对于理工科学生来说,他们通过本课程的学习,可以掌握现代科学计算和数据分析的基本编程思想和方法,提高利用计算机平台辅助科学研究和解决工程问题的能力。它是高校开设信号处理、数据分析、图像分析等专业课程的前置必修内容,是攻读工学学位必须掌握的计算工具。

"科学计算与 MATLAB 语言"是一门偏向应用的课程,同时其授课内容又与线性代数、高等数学等理论性很强的课程息息相关。数值计算探讨如何运用计算机解决科学和工程问题中的计算问题,其理论与方法贯穿 MATLAB 软件的使用全过程。而且,科学计算的抽象性和 MATLAB 软件的实用性强调理论分析和实践应用并重。为了避免学生迷失于抽象的计算理论和纷繁的 MATLAB 指令系统中,本书有针对性地设置了相关课程的教学内容,以期培养学生形成运用数学建模思想和 MATLAB 解决实际问题的能力。

本书将内容分为三个层面,即基础层面、数学层面和应用层面。基础层面从 MATLAB 编程的基本知识入手,包括编程基础、数据运算、绘图可视化等 MATLAB 语言的基础内容,主要让学生掌握如何使用 MATLAB 进行基本的编程;数学层面是运用 MATLAB 语言进行线性代数、数据插值与拟合、数学分析、概率与统计的练习,目的是让学生在学习线性代数、微积分、概率论与数理统计等前置课程的基础上,学会利用 MATLAB 实现数学思想与方法的建模;应用层面主要介绍数据挖掘中回归分析、主成分分析、判别分析、聚类分析、层次分析等内容,目的是让学生掌握利用 MATLAB 进行数据挖掘方法应用的能力,进而让学生获得运用 MATLAB 解决问题的成就感。

本书主要内容、知识点、例题等均经过仔细选择与设计,全书文字描述通俗易懂,数学与编程的难度系数由低到高。读者既可以从前几章中学会如何使用 MATLAB 编程语言,又可以通过后几章的学习领略到用 MATLAB 编程工具来实现数学建模及数据挖掘的成就感。本书适合理工科本科生、研究生作为教材教辅阅读,也可以为相关施教者提供一定参考。

目　录

第1章 编程基础

1.1 MATLAB 概述

MATLAB 是一个功能极其强大的软件,可以用于科学计算、数据分析、数值计算、算法开发等,主要包括 MATLAB 和 Simmulink 两大部分。本节将介绍 MATLAB 的历史及语言特点。

1.1.1 MATLAB 的历史

MATLAB 源于 matric laboratory 的缩写,意为矩阵实验室。最初,MATLAB 语言产生于数学计算。1980 年,美国的克里夫·莫勒(Clcve Moler)在给学生们讲授线性代数课程的时候,发现学生在使用高级语言编程时会花费很多时间,于是他利用业余时间为学生编写 LNPACK 和 EISPACK 的接口程序,并取名为 MATLAB。不久,MATLAB 获得了很大的成功,深受学生们欢迎。

1983 年春,克里夫·莫勒访问斯坦福大学,身为工程师的约翰·利特尔(John Little)被 MATLAB 吸引,他意识到 MATLAB 会在工程领域大展身手。于是,他和克里夫·莫勒等一批科技工作者完善相关模块,这样第二代 MATLAB 专业版诞生了,这也是第一个 MATLAB 商业版。

1984 年,约翰·利特尔和克里夫·莫勒成立了 MathWorks 公司,并推出第一个 MATLAB 商业版。之后,他们继续从事 MATLAB 的研究与开发,使得 MATLAB 成为一个集图像处理、信号处理、符号计算、动态仿真、数值处理等功能的数学应用软件。

Math Works 公司推出 MATLAB 后,在 1992 年推出具有划时代意义的 MATLAB 4.0,之后陆续推出了几个改进和提高版本。2004 年,Math Works 公司推出 MATLAB Release14,也就是 MATLAB 7.0,其功能进一步完善。此后,每年的 3 月和 9 月,都会推出当年的 a 和 b 版本。

1.1.2 MATLAB 语言的特点

MATLAB 在科学计算、数字信号处理、动态系统仿真等众多领域均有其优势,深受科研工作者和工程技术人员的欢迎。MATLAB 语言的特点主要有以下几方面:

(1)语法简洁紧凑,语法限制不严,程序设计自由度大。MATLAB 以矩阵为基础,不需要预先定义变量和矩阵(包括数组)的维数,能够方便地进行矩阵的逻辑运算、关系运算和算术运算。

(2)界面友好,编程自由。MATLAB 书写形式自由,开发简单,类似于"草稿式"语言。它的书写格式和函数名很接近于人的思维方式,编写 MATLAB 程序就相当于打草稿一样。同时,MATLAB 提供了许多图形用户界面(GUI),如 cftool、optimtool 等,这些图形化界面没有涉及编程,极大地方便了使用者解决问题。

(3)运算符、库函数丰富。MATLAB 具有一套拓展系统和一组称为工具箱(Toolbox)的特殊应用子程序,每个子程序都是为特定的某些学科准备的,如 Curve Fitting Toolbox、Neural Network Toolbox、Control System Toolbox 等。这些工具箱都是某个领域内水平很高的专家或团队编写的。用户不需要编写基础程序就可以直接进行使用,解决自己领域内的问题。

(4)图像处理能力强大。MATLAB 具有很强大的以图形化显示矩阵和数组的能力,同时可以对这些图形增加注释,并且可以对图形进行标注和打印。MATLAB 的图形技术涉及二维和三维可视化、图像处理、动画等方面,包含许多高级绘图函数(如图形的光照处理、四维数据的表现等),也包括一些可以让用户灵活控制图形特点的低级绘图命令,用户可以通过句柄图形技术创建图形用户界面。

1.2　MATLAB 特征

1. M 文件

在刚接触 MATLAB 的阶段,通常会让 MATLAB 工作在命令模式下,输入一段指令,系统立即执行这段指令。但这种方法使得程序难以存储且可读性差,因此在解决稍复杂的问题时,应该将命令存储为程序文本,再让 MATLAB 执行该程序文件。这种程序文件叫作 M 文件,以 .m 为拓展名。

M 文件可以分为两种类型:一种是主程序文件,也叫作脚本文件、主函数文件,是为了解决某个特定的问题而编写的;另一种是子程序文件,也叫作函数文件或子函数文件,它必须由其他 M 文件调用,或者通过命令调用,其具有一定的通用性,并且也可以进行递归调用。对于编写好的 M 文件,可以在命令行窗口或者 M 文件中调用,只要输入文件名(对于函数文件,还应输入相关参数)即可。

要想创建一个 M 文件,可以在主菜单上的 HOME 选项卡中点击"New—Script"或者"New—Function",也可以使用 Ctrl+N 快捷键,如图 1.1 所示。

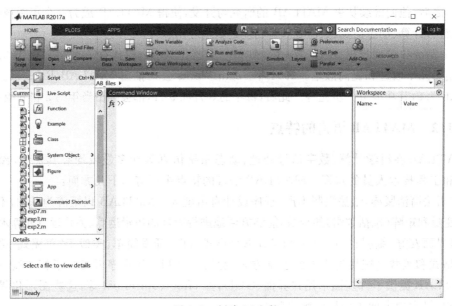

图 1.1　创建 M 文件

当建立一个 M 文件后,可以在其他 M 文件中或者命令窗口中输入文件名及相关参数即可运行。

2. 脚本文件

脚本文件是由一系列 MATLAB 语句构成的文本文件,其拓展名是. m。当脚本文件创建好了之后,在命令窗口输入其名称,就可以运行。其运行结果相当于在命令窗口逐条输入并运行脚本文件中的指令,脚本文件类似于 MS-DOS 的批处理程序。

脚本文件运行过程中产生的变量保存在 MATLAB 的工作空间中,同时脚本文件也可以调用工作空间中的变量,脚本文件还可以访问当前文件夹和路径中的 M 文件。因此,脚本文件常用于主程序的设计。

例如,创建名为 paraboloid. m 的脚本文件。其文件内容为:

```
[x,y] = meshgrid( - 5:0.5:5);
z = x.^2 + y.^2;
mesh(x,y,z);
title('z = x^2 + y^2')
xlabel('x')
ylabel('y')
zlabel('z')
```

将该文件保存之后,这时这个文件就是一个脚本文件,在命令窗口中输入"paraboloid"即可运行此脚本。运行结果为一个抛物面,如图 1.2 所示。

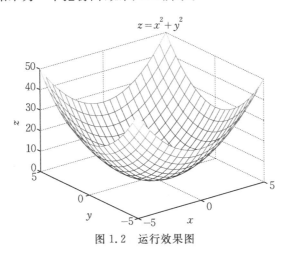

图 1.2　运行效果图

3. 函数文件

函数文件是 M 文件的另一种类型,与脚本文件一样,它也是以. m 为拓展名。MATLAB 中的函数文件必须以关键字 function 引导。其基本结构为:

```
function [输出参数列表] = 函数名( 输入参数列表)
   % 文件说明信息,通常要说明函数文件的用法、输入参数和输出参数的意义及作者等
   主程序体
   end
```

4．函数文件的格式说明

（1）第一行为函数文件的格式行。function 为函数文件的保留字。输出参数列表的格式可以为 a、b、c……，也可以使用 varargout 进行输出。输入参数列表的格式可以为 a、b、c……，也可以使用 varargin 将参数输入。varargout 与 varargin 的使用将会在后文中介绍。

（2）首字符为"％"的各行是注释行，用以说明函数文件的相关信息。当使用 help 命令查询函数文件时，MATLAB 平台会显示出紧接该函数文件中第一行格式行之后的各注释行。加空行后的注释行不响应 help 命令。注释行可以在文件描述行的任意位置。

主程序体各行是函数文件的各执行行。

例如，创建名为 AddMinus.m 的函数文件。其函数内容如下：

```
function [a,m] = AddMinus(v1,v2)
% 该函数用于计算两数的和与差
% a：v1 与 v2 的和
% m：v1 与 v2 的差
a = v1 + v2;
m = v1 - v2;
end
```

当在命令窗口输入"[a,b]＝AddMinus(3,4)"时，a 将被赋值为 7，b 将被赋值为 −1，输出如下：

```
>> [a,b] = AddMinus(3,4)
a =
    7
b =
   -1
```

1.3　MATLAB 程序流程控制

与其他高级语言一样，MATLAB 语言为用户提供了许多程序结构语言来实现用户对程序流程的控制。MATLAB 程序流程控制主要包括循环结构和条件选择结构等。

1.3.1　循环结构

MATLAB 中循环结构有两种，一种是 for 循环结构，另一种是 while 循环结构。下面我们将分别介绍这两种结构。

1. for 循环结构

for 循环结构的使用语法如下：

```
for 循环变量 = 向量表达式
        循环体
end
```

在上面的语法中，循环变量的值会被依次设定为向量表达式中的每一个值，并执行循环体语句。当循环变量取到最后一个值并且执行完循环体语句后，循环结束。其中，通常使用的循环格式为：

```
for i = a:s:b
```

【例 1.1】找出 1 至 99 之间是 7 的倍数或者十位数字是 7 的数字，输出这些数字，并统计有多少个。

建立名为 findSeven. m 的脚本文件，文件的内容为：

```
a = [];  % a 存储着符合题目要求的数字
n = 0;
for i = 1:1:99
    if mod(i,7) == 0||mod(i,10) == 7    % mod()求余函数
        a = [a,i];
        n = n + 1;
    end
end
a
n
```

保存之后，在命令窗口中输入"findSeven"，输出结果如下：

```
>> findSeven
a =
  Columns 1 through 19
     7    14    17    21    27    28    35    37    42    47    49    56    57    63
67   70    77    84    87
  Columns 20 through 22
    91    97    98
n =
    22
```

建立一个脚本文件解决了问题，同时涉及了 if 语句，而 if 语句将在后文介绍。

2．while 循环结构

while 循环结构的使用语法如下：

```
while 关系表达式
    循环体
end
```

在上面的语法中，执行方式为：先判断关系表达式是否为真，如果为真，则执行循环体，否则，跳出循环体。执行完循环体后，继续上述操作，直至关系表达式不为真。

【例 1.2】使用 while 循环语句找出最小的 k 值使得 $k! > 10^{100}$，并求出 k 和 $k!$。

编写 M 文件，保存为 findminfac. m，文件的内容为：

```
k = 0;
fac = 1;
while fac< = 10^100;
    k = k + 1
```

```
    fac = fac * k
    end
    k
fac
```

在命令窗口中输入"findminfac",输出结果如下:

```
>> findminfac
k =
    70
fac =
  1.197 9e + 100
```

这个程序中,fac 表示 $k!$。该程序使用了 while 循环结构解决了这个问题。

1.3.2　条件选择结构

在 MATLAB 中,条件选择结构适用于因满足不同条件而执行不同操作的情况。条件选择结构有两种,一种是 if 条件选择结构,另一种是 switch 条件选择结构,两种都有各自的适用范围。

1. if 条件选择结构

在 MATLAB 中,if 条件选择结构是其最基本的条件选择结构,也是用得最多的条件选择结构。它有三种基本的形式:

```
if   条件表达式
    语句块
end
```

```
if   条件表达式
    语句块 1
else
    语句块 2
end
```

```
if   条件表达式 1
    语句块 1
elseif 条件表达式 2
    语句块 2
……
elseif 条件表达式 n
    语句块 n
else
    语句块 n + 1
end
```

其中,这里的条件表达式可以为一个变量,也可以为逻辑表达式,但不能为类似于"a＝1"的语句。当条件表达式为一个变量时,并且当它不为 0 时,则认为条件成立。当条件表达式为逻辑表达式时,应该注意的是左右相等的判断。当为多个逻辑表达式组合的时候,可以分别用

"&""|"来表示"与""或"。而逻辑操作中的"非"可以用"～"来实现。为了提高可读性,当表达式有多个逻辑表达式组合时,应该使用括号来设定计算顺序。

【例1.3】使用MATLAB设计一个程序判断输入的年份是否为闰年(提示:闰年能被4整除,但不能被100整除,或能同时被100和400整除)。

编写函数文件,保存为isleapyear.m,函数文件的内容为:

```
function isl = isleapyear(y)
% 该函数用于判断年份是否为闰年
% y:年份
% isl:结果(逻辑变量)
if mod(y,4)~ = 0
    isl = 0;
elseif mod(y,100)~ = 0
    isl = 1;
elseif mod(y,400) == 0
    isl = 1;
else
    isl = 0;
end
isl = logical(isl);   % 将 isl 转为逻辑变量
end
```

该函数用于判断年份是否为闰年,返回一个逻辑变量。如果逻辑变量为0,则输入的年份不为闰年;如果逻辑变量为1,则输入的年份为闰年。分别用1900、2000、2008、2009进行测试,得到以下结果:

```
>> isleapyear(1900)
ans =
  logical
    0
>> isleapyear(2000)
ans =
  logical
    1
>> isleapyear(2008)
ans =
  logical
    1
>> isleapyear(2009)
ans =
  logical
    0
```

2. switch 条件选择结构

switch 语句和 if 语句一样,是一种分支结构。switch 语句适用于分支情况较多且条件表达式不复杂的情况。switch 语句的基本结构为：

```
switch 表达式
    case 常量表达式 1
        语句块 1
    case 常量表达式 2
        语句块 2
    ……
    case 常量表达式 n
        语句块 n
    otherwise
        语句块 n + 1
end
```

其中，otherwise 及其后的语句块可以省略。switch 后面的表达式可以是 double 型，也可以是 char 型。当 switch 后的表达式与某个常量表达式（或常量表达式中的某个值）相等的时候，则执行该常量表达式下的语句块。其与其他高级语言不同的是，在每个语句块中不需要 break。

【例 1.4】编写一个函数文件，将考试成绩转化为等级，其中考试成绩在[90,100]分数段记为优秀，在[80,90)分数段记为良好，在[70,80)分数段记为中等，在[60,70)分数段记为及格，在[0,60)分数段记为不及格。

编写函数文件，保存为 getrank. m，函数文件的内容为：

```
function rank = getrank( scores )
% 该函数用于将成绩转化为等级
% scores:成绩
% rank:等级
switch floor(scores/10)
    case {9,10}
        rank = '优秀';
    case 8
        rank = '良好';
    case 7
        rank = '中等';
    case 6
        rank = '及格';
    otherwise
        rank = '不及格';
end
end
```

当在命令窗口中输入参数为成绩的时候，将会返回等级。如下：

```
>> getrank(100)
ans =
    '优秀'
>> getrank(54)
ans
    '不及格'
>> getrank(85)
ans
    '良好'
```

需要注意的是,case 后面可以接多个变量,如〔变量 1,变量 2,…,变量 n〕的形式。

1.4　MATLAB 编程原则

加拿大计算机科学家布雷恩·克尼汉(Brian Kernighan)曾写道:"Well-written programs are better than badly-written ones — they have fewer errors and are easier to debug and to modify — so it is important to think about style from the beginning. "(具有良好的写作规范的程序比具有糟糕的写作规范的程序要好,因为他们具有较少的错误、易于调试与修改,因此,从一开始就考虑风格是很重要的。)使用任何一种编程语言进行编程的时候都应该讲究代码(格式)的正确性、可读性与通用性,MATLAB 也不例外。正确的编程风格有助于写出更正确、更易于理解、更具有共享性和更易于维护的代码。这一节将介绍 MATLAB 编程的原则,便于读者写出更优秀的代码。

1.4.1　命名规则

MATLAB 中变量与函数的名字由字母、数字和下划线混合组成,不得包括空格和标点,并且第一个字符必须使用英文字母,最多包括 31 个字符。MATLAB 中的命名对字母的大小写敏感。

1. 变量
变量的命名注意事项有:

(1)变量的名字能反映它们的意义或者用途。

(2)变量名应该以小写字母开头,大小写字母混合,即"驼峰命名法"。

(3)应用范围比较大的变量应该具有有意义的变量名,小范围应用的变量应该用短的变量名。

(4)循环变量应该以 i、j、k 等为前缀。例如,iFile、jRank 等。

(5)只代表单个实体数据的变量可以加后缀 No 或者是前缀 i。例如,表示某一个雇员的时候,可以用 employeeNo 或者 iEmployee。

2. 函数
函数命名的注意事项有:

(1)函数名应该采用小写字母,并且将函数名与它的 M 文件名保存为相同名称,当然也可以加下划线。

（2）函数名应该是具有意义的，避免过多地使用短的函数名，否则会使函数名的意义不清晰。

（3）单输出变量的函数可以根据输出参数命名。

（4）没有输出变量或者返回值为句柄的函数应该根据其实现的功能命名。

1.4.2　文件与程序结构

MATLAB 编程中应该注意将代码结构化，而不是全部包含在一个文件内部，这样就更利于其他人对程序的理解。合理的程序结构可以增加代码的质量。要写出一个高质量的 MATLAB 代码，应该注意以下几点：

（1）模块化。编写一个大程序最好的方法就是，编写函数文件将它设计分化为几个小块。这种方式可以提高程序的可读性和可测试性。如果同一行的代码过多，则需要拖动水平滚动条进行查看，这样不利于代码的理解。所以超过编辑器屏幕的代码应该进行分割，使用"…"进行连接。具体方法为：在换行的末尾加上三点和逗号即可，即"…，"。注意代码均在英文状态下输入，注释可在任意状态下输入。

（2）确保交互过程清晰。MATLAB 中，函数文件通过输入、输出参数与其他代码进行交互通信。为了保证交互过程清晰，需要写好注释，并且尽量避免一长串输入、输出参数的形式。

（3）分割。每个子函数应该只把一件事做好，每个函数应该隐藏一些东西。

（4）利用现有函数。在 MATLAB 中，编写一个功能正确、可读性高、合理灵活的函数是很有意义的。但在这中间应该尽量利用现有的函数，避免"重复造轮子"。例如，在一个程序中，需要判断一个数是否为质数，可以直接调用 isprime 函数，而不需要自己重新写一个函数。

（5）在多个 M 文件中出现的代码应该封装起来。如果一段代码在其他 M 文件中经常出现，或者经常被使用，应该将这段代码封装起来。这样便于以后的调用与修改。

（6）测试脚本。对于每个编写好的函数，需要为其写一个测试脚本。这样可以提高初期版本的质量和后期版本的可靠性。编写测试脚本也会有利于函数的编写。

1.5　MATLAB 中的函数及调用

1.5.1　函数类型

函数类型有 M 文件主函数、子函数、嵌套函数、私有函数、重载函数及匿名函数。

1. M 文件主函数

函数 M 文件第一行定义的内容即为 M 文件主函数，一个 M 文件只能有一个主函数，而子函数和嵌套函数则可以包含多个。函数 M 文件保存时，文件名应与主函数定义名相同。

2. 子函数

M 文件中除主函数外，其后定义的函数为子函数，子函数只能被主函数调用。子函数定义格式和主函数相同，区别仅在于子函数需定义在主函数后面，而各个子函数之间的先后顺序则可以任意放置。

3. 嵌套函数

在一个函数内部可以嵌套一个或多个函数，在其他函数内部定义的函数称为嵌套函数，嵌套函数内部也可以定义嵌套函数。

4．私有函数

私有函数，即具有私有属性的函数，具有限制性访问权限。其是指定义在父文件夹下名称为 private 文件夹里的函数 M 文件，定义方式与普通函数相同。私有函数只能被父文件夹下的 M 文件调用，优先级仅次于 MATLAB 的内置函数和子函数。

5．重载函数

和其他编程语言的重载函数含义相同，简单来说就是函数名称相同，而形式参数的个数、类型、顺序不同的一组函数。

6．匿名函数

匿名函数通常用于定义操作非常简单的函数，优点在于不用另外编辑一个函数 M 文件。

1.5.2 函数句柄

在 MATLAB 中，每个对象都有一个数字来标识，这个标识就是句柄。当创建一个对象时，MATLAB 就会为它创建一个唯一的句柄。句柄中包含该对象的相关信息参数，可以通过句柄对后续程序中该对象的参数进行修改，以达到相应的效果。

句柄就像人的名字一样，每个人都有名字，不同的人的名字不相同。句柄实际上是一种指向某种资源的指针，但与 C 语言中的指针有所不同。句柄与指针的区别在于：指针对应着数据在内存中的位置，得到指针就可以自由地修改该数据；但句柄是对象生成时系统指定的，是为了区别系统中的对象，这个句柄不是由程序员给出的。例如下面的程序：

```
x = linspace( - pi,pi);
y = sin(x);
h = plot(x,y);  % 创建窗口,返回句柄
set(h,'Color','r');
h_color = get(h,'Color')
```

h 为返回窗口对象的句柄，可以对 h 的参数进行修改，也可以得到 h 的参数。在上面程序中，我们将 h 的"Color"参数修改为"r"，即红色，并将这个参数赋予"h_color"，则"h_color"为 $[100]$，即表示红色。

1.5.3 匿名函数

匿名函数是 MATLAB 中定义的一种函数形式，它不以文件的形式存于文件夹中。它的生成方式非常简洁，可以通过命令窗口或者 M 文件中的指令直接生成。

匿名函数的格式如下：

```
f = @(x) function
```

其中，f 为调用匿名函数时使用的名字，x 为匿名函数的输入参数，可以是一个或者多个，当为多个时，应该用逗号分隔，"function"为函数表达式。例如下面一段代码：

```
f = @(x) sin(x) + cos(x);
v = f(pi/2)
```

其中，"@(x) sin(x)＋cos(x)"就是一个匿名函数，第一个括号中的内容为自变量，后面的是表达式。因此 $v = f(\pi/2) = \sin(\pi/2) + \cos(\pi/2)$。

匿名函数的输入参数也可以是数组。例如,对于上面定义好的匿名函数,在命令窗口中输入下面的命令:

```
>> x = - pi:0.25 * pi:pi;
>> f(x)
```

命令窗口将输出:

```
ans =
    - 1.000 0    - 1.414 2    - 1.000 0    0.000 0    1.000 0    1.414 2    1.000 0    0.000 0
- 1.000 0
```

需要说明的是,在旧版本的 MATLAB 中,这个功能是通过 inline 函数完成的。

1.6　MATLAB 常用的编程技巧

作为一种科学计算语言,MATLAB 语言同样具有和 C、FORTRAN 等高级语言类似的语言特征。在使用 MATLAB 编程时,一些技巧可以提高程序的性能。所以,掌握一些编程技巧也是非常重要的。下面将介绍一些 MATLAB 的编程技巧。

1.6.1　嵌套计算

程序的执行速度与它调用的子程序个数及采用的算法有关。如果想提高算法的效率,则应使子程序越少越好。

嵌套计算具有较小的时间复杂度。因此,可以使用嵌套计算提高程序的运行速度。

【例 1.5】嵌套计算和直接求值方法的比较。如下两个表达式,其中,式(1.2)为式(1.1)的嵌套表达式,即

$$f(x) = a_3 x^3 + a_2 x^2 + a_1 x + a_0 \tag{1.1}$$
$$f(x) = ((a_3 x + a_2)x + a_1)x + a_0 \tag{1.2}$$

创建 M 文件,保存为 example0105.m,文件内容如下:

```
x = linspace(0,10,1000000);
a = [1,2,3,4];
tic    % 开始计时
y1 = a(1) * x.^3 + a(2) * x.^2 + a(3) * x + a(4);
toc % 停止计时
y2 = a(1);
tic
for i = 2:4
    y2 = y2. * x + a(i);
end
toc
```

在命令窗口中运行该 M 文件,会输出:

```
>> example0105
Elapsed time is 0.045 065 seconds.
Elapsed time is 0.007 225 seconds.
```

可以得到,直接求值使用的时间是 0.045 065 秒,而嵌套计算使用的时间是 0.007 225 秒。由此可见,嵌套计算可以节省程序的运行时间,从而提高程序的运行效率。

程序中的嵌套是指程序调用自身的过程,又可以被称为递归调用。采用程序嵌套的方法能够提高程序的可读性。但是,当我们使用程序嵌套时,应该注意,程序嵌套计算会消耗大量的内存,导致程序的效率下降,甚至有可能导致错误。例如下面这道例题。

【例 1.6】分别使用循环和程序嵌套计算求一个数的阶乘,阶乘的运算为

$$n! = n(n-1)\cdots 3 \times 2 \times 1$$

使用 MATLAB 编写名为 jiecheng1. m 和 jiecheng2. m 的函数文件。jiecheng1. m 的内容为:

```
function result = jiecheng1( n )
% 循环计算阶乘
result = 1;
for i = 1:n
    result = result * i;
end
end
```

jiecheng2. m 的内容为:

```
function result = jiecheng2( n )
% 使用嵌套计算阶乘
if n == 1
    result = 1;
else
    result = n * jiecheng2(n-1);
end
end
```

再建立 M 文件,名称为 main. m,文件的内容为:

```
tic
a = jiecheng1(170)
toc
tic
b = jiecheng2(170)
toc
```

在命令窗口运行该文件,输出:

```
>> main
a =
  7.257 4e + 306
Elapsed time is 0.000 648 seconds.
b =
  7.257 4e + 306
Elapsed time is 0.000 980 seconds.
```

可见,这里程序嵌套并没有提高程序的运行效率,反而使得程序运行时间增加了 0.000 332 秒。这是由于自身嵌套占用太多内存,降低了程序的效率。

1.6.2 使用例外处理机制

一个优秀的程序员编写程序时,不仅应该通过注释告诉用户怎么使用这个程序,还应该在用户错误使用函数时,能给出提示信息,用于指导用户正确使用程序。例如,在前面的一个例题中,需要根据输入的成绩判断等级,当用户输入的成绩小于 0 分或者大于 100 分时,显然,这个输入是错误的。在程序设计中,应该考虑这种情况,当输入的成绩不符合规范时,应该提示错误信息。

提示错误信息常用的一个函数是 error 函数。其调用格式为:

```
error(msg)    % msg 为字符串,这个函数会提示错误,错误信息为 msg
```

【例 1.7】完善 1.3 节中【例 1.4】的程序,当输入成绩不符合规范时会跳出提示信息。输入成绩的要求:①小数部分只能为 0.5 或者 0;②输入成绩不大于 100 分且不小于 0 分。

建立函数文件,保存为 getrank2.m,文件内容如下:

```
function rank = getrank2( scores )
% 该函数用于将成绩转化为等级
% scores:成绩
% rank:等级
if scores>100|scores<0|~((scores - floor(scores))···
        == 0.5|(scores - floor(scores)) == 0)
                    % 判断输入的成绩是否符合要求
    error('输入成绩不符合要求');
end
switch floor(scores/10)
    case {9,10}
        rank = '优秀';
    case 8
        rank = '良好';
    case 7
        rank = '中等';
    case 6
        rank = '及格';
    otherwise
            rank = '不及格';
end
end
```

在命令窗口输入相关命令,可以看到输出结果如下:

```
>> getrank2(90.3)
Error using getrank2 (line 8)
输入成绩不符合要求
>> getrank2(90.5)
ans =
    '优秀'
```

```
>> getrank2(102)
Error using getrank2 (line 8)
输入成绩不符合要求
>> getrank2(-8)
Error using getrank2 (line 8)
输入成绩不符合要求
```

在例外处理机制中,常常需要获取输入参数的个数。在这里,MATLAB 提供了一个叫 nargin 的函数。nargin 函数会返回输入参数的个数。下面的例子将说明 nargin 的使用。

在命令窗口输入一个参数调用函数"myplot($-$pi:0.1:pi)",将会绘制 $y=\sin x$ 的图像,如图 1.3 所示。

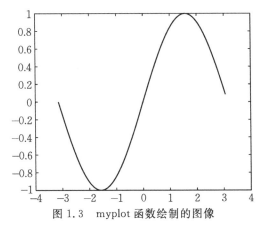

图 1.3　myplot 函数绘制的图像

```
function myplot( x,y, color, type)
switch nargin
    case 0
        error('输入参数过少');
    case 1
        y = sin(x);
        color = 'r';
        type = '-';
    case 2
        color = 'r';
        type = '-';
    case 3
        type = '-';
end
plot(x,y,[color,type]);
end
```

上面一段函数是一个自定义的二维绘图函数,二维绘图将在第 3 章讲到。当没有输入参数时,将会跳出错误信息"输入参数过少"。当输入参数为 1 个、2 个或 3 个的时候,该函数将会给其他参数设置默认值。

在命令窗口中调用该函数,没有输入参数,将会提示错误。

```
>> myplot
Error using myplot (line 4)
输入参数过少
```

通过这个函数,可以知道,输入参数不符合要求时,可以设置默认处理或者报错。这是编写程序的时候应该注意的。通过这种方式,程序具有更强的适应性。

1.6.3　使用静态变量和全局变量

在使用 MATLAB 编程时,合理使用静态变量和全局变量便于实现复杂的程序,也可以实现一些特定的功能。

1. 静态变量

一般来说,在函数中声明的变量,当函数调用完之后,函数里的变量将会被释放。如果想保留这个变量的值以供函数下次调用,则可以通过 persistent 关键字把这个变量声明为静态变量。需要注意的是,静态变量不能在声明的时候赋值。而且,静态变量只能在函数文件里面声明,并且只有在函数文件里才能使用它。例如,使用"persistent x"声明静态变量 *x* 之后,*x* 就是一个空矩阵。声明后需要初始化,但不能使用"persistent x=0",而应该用 isempty 函数判断是否已经赋值。如:

```
function test()
persistent x;
if isempty(x)
    x = 0;
end
x = x + 1
end
```

对于这个函数,如果在命令窗口中连续调用该函数,屏幕上将会打印出 $1, 2, 3\cdots$,如下所示:

```
>> test
x =
    1
>> test
x =
    2
>> test
x =
    3
>> test
x =
    4
```

每次调用这个函数后,*x* 就会增加 1,并且 *x* 不会被释放。

2. 全局变量

全局变量是一种变量的类型,区别于局部变量。全局变量可以在不同的工作区间和基本的工作区间之间共享。任何一个主程序和子程序只要声明一个或者多个全局变量,则主程序和子程序都可以调用。和静态变量一样,全局变量不能在声明的时候赋值。全局变量通过关键字 global 声明。全局变量的声明格式如下:

```
global x1 x2 x3 … xn
```

变量之间通过空格来隔开,而不能使用逗号。

通过下面一个程序,我们来介绍一下全局变量的使用。

子函数 plotsin. m,如下所示:

```
function plotsin()
global INTER SI
x = - pi:INTER:pi;
y = sin(x) + SI * cos(x);
plot(x,y)
end
```

主函数 main. m,如下所示:

```
global INTER SI
INTER = 0.1;SI = 2;
plotsin()
```

运行主函数,将会得到图 1.4。

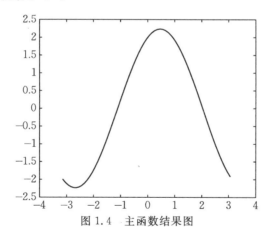

图 1.4　主函数结果图

在子函数中声明全局变量 INTER 和 SI,但未对它们进行赋值。在主函数中声明它们,并分别赋值为 0.1 和 2。这样,子函数中的 INTER 和 SI 分别变为了 0.1 和 2,并绘制图像。

这两个 M 文件说明了全局变量的用法。但是,我们可以思考一下,如果这两个文件不是同一个人所写,很难找到这两个文件的关系。所以,在编程时应该慎重使用全局变量。

使用全局变量时,需要注意以下几点:

(1)由于全局变量在不同工作区间共享,所以命名的时候应该特别注意,最好把全局变量名取得长一些或者全部使用大写字母,避免和局部变量重名。

(2)两个或者多个函数可以共用一个全局变量,只要同时在这些函数中用 global 语句加以定义即可。

（3）在实际使用中，应该尽可能少用全局变量，因为全局变量在任何声明它的地方都可以被修改，一定程度地降低了子程序的独立性，也降低了程序的可读性。

1.6.4　通过 varargin 传递参数

在 MATLAB 中，有很多情况下，人们需要设计出一种可以输入不同参数的函数。例如 MATLAB 自带的 plot 函数，有时候人们需要使用"plot(x,y)"，而有时候需要输入"plot(x,y, 'r')"。这时候可以通过 varargin 实现。

varargin 是英文"variable length input argument list"（可变长度输入参数列表）的英文缩写，它是一个元胞数组。调用函数时，输入参数可以不同，其大小可以随着输入参数的改变而改变。

【例 1.8】通过 varargin 传递参数，实现多个矩阵的求和，输入矩阵的个数可以不同。

编写函数文件 mutiplay.m，文件内容如下：

```
function result = mutiply( x,y,varargin )
% 用于计算矩阵的乘积，输入矩阵的个数应该不小于 2
result = x * y;
for i = 1:nargin - 2
    result = result * varargin{i};
end
end
```

在命令窗口输入相关命令，可以得到：

```
>> a = [1,2;3,4];b = [6,5;7,9];c = [2,3;4,4];d = [1,1;5,6];
>> res1 = mutiply(a,b)
res1 =
    20    23
    46    51
>> res2 = mutiply(a,b,c)
res2 =
    132    152
    296    342
>> res3 = mutiply(a,b,c,d)
res3 =
      892    1044
     2006    2348
```

上面的运行结果说明 mutiply 函数的输入参数的个数不唯一，这就是 varargin 的用处。在输入不同参数时，函数依旧可以运行。varargin 可以根据输入参数的个数自动调节大小，这大大简化了程序。

第 2 章　数据运算

2.1　MATLAB 的数据类型与精度

2.1.1　MATLAB 的数据类型

针对不同类型与结构的数据,MATLAB 有多种不同的数据类型,如表 2.1 所示。

表 2.1　MATLAB 的数据类型

基本类型	项目
整型	int8，int16，int32，int64，uint8，uint16，uint32，uint64
浮点	single，double
逻辑	logical
字符	char
结构体	struct
元胞数组	cell
函数句柄	function_handle

下面对每种数据类型进行详细介绍。

1. **整型(integer)**

一个整型变量用来表示一个整数。MATLAB 中有多种整型类型,按照有无符号,可分为有符号和无符号两种。有符号的整型类型有 int8、int16、int32、int64;无符号的整型类型有 uint8、uint16、uint32、uint64,其中的 u 代表"unsigned"。每种整型类型有各自的取值范围,数据类型名最后的数代表每个类型可以储存的位数。例如,uint8 类型的取值范围为 $0 \sim 2^8 - 1$,而 int8 类型的取值范围为 $-2^7 \sim 2^7 - 1$。这是因为,无符号类型的最高位代表正负号,占 1 位。可以通过 intmin 和 intmax 查看每种整型类型的最小值和最大值,如下述代码所示:

```
>> intmin('uint16')
ans =   uint16
  0
>> intmax('int16') % 返回 2 的 15 次方减 1
ans =
  int16
  32767
```

要创建一个整型类型的变量,可以使用类型名所对应的函数,如 int8、uint8 等。这些函数也可以把由其他数据类型元素构成的矩阵转换成由整型类型元素构成的矩阵。例如:

```
>> a = [1.2 3.4];
>> class(a) % class 函数返回变量类型字符串
ans =     'double'
>> a = int8(a);
```

```
>> class(a)
ans =    'int8'
>> a
a =
  1×2 int8 行向量
  1   3
```

2. 浮点(float)

一个浮点类型的变量往往表示一个小数,如 0.23、−19 213.442 等。浮点类型分为两种,一种是单精度浮点(single),一种是双精度浮点(double)。二者的区别在于取值范围和能表示的最大位数的不同,double 类型的取值范围更大,存储的位数更多。可以通过 realmin 和 realmax 函数查看每种浮点类型的最小值和最大值。在不特殊声明的情况下,MATLAB 的数值变量均默认定义为 double 类型,如下所示:

```
>> realmax('single') % single 类型的最大值
ans =
  single
  3.402 8e + 38
>> realmin('double') % double 类型的最小值
ans =
  2.225 1e − 308
>> a = −2;
>> class(a) % 默认生成 double 类型的变量
ans =
   'double'
>> b = [2 3];
>> class(b) % 默认生成由 double 类型元素组成的数组
ans =
   'double'
```

要创建一个 single 或 double 类型的变量,或者将一个由其他类型元素组成的矩阵转换为由 single 或 double 类型元素组成的矩阵,可以使用 single 和 double 函数。

3. 逻辑类型(logical)

逻辑类型用来表示真假。一个逻辑类型的变量只有两个可能的值,即 0(false,假)和 1(true,真)。在进行判断时,经常会使用逻辑类型。例如,要寻找一个矩阵中所有大于等于 5 的元素,可以输入如下的代码:

```
>> A = magic(3) % 生成一个 3 阶魔方矩阵
A =
   8   1   6
   3   5   7
   4   9   2
>> A >= 5
% 对 A 中每个元素,判断其值是否大于等于 5,若是则返回矩阵对应位置为 1(true),否则为 0(false)
```

```
ans =
  3×3 logical 数组
  1   0   1
  0   1   1
  0   1   0
```

4．字符（character，char）

在 MATLAB 中，每个西文字符实际存储的是一个 ASCII 码，占用 1 个字节。一个字符串实际上是由多个字符组成的一个字符数组。要创建一个字符串，需要将多个字符用半角的单引号括起来。如下所示：

```
>> c = 'A';
>> class(c)
ans =
    'char'
>> str = 'ABCD'; % 创建一个字符串
>> size(str) % size() 返回 str 的大小，为 1 行 4 列
ans =
    1    4
```

也可以创建由多个字符串组成的字符数组。创建字符数组时，可以直接使用最基本的方式，即用方括号将几个字符串括起来，中间用逗号隔开，例如"strArr = ['AB', 'ABC']"。但由于"AB"和"ABC"两个字符串的长度不等，因此 MATLAB 会给出错误警告。这时我们可以用空格填补较短字符串的末尾，使各个字符串长度相等，例如"strArr = ['AB ', 'ABC']"。另一种方式更加简单，使用 char 函数，MATLAB 会自动用空格填补较短字符串的末尾，例如"strArr = char('AB', 'ABC')"。整个字符数组的列数等于其中最长字符串的长度，这一点可以通过 size 函数进行验证。

MATLAB 中还有很多与字符串有关的函数，如表 2.2 所示。

表 2.2　MATLAB 中与字符串操作有关的函数

函数名	函数功能
abs	字符串到 ASCII 码的转换
lower	将字符串转换为小写
upper	将字符串转换为大写
char	生成一个字符串数组，或将 ASCII 码转为字符（串）
blanks(n)	返回一个由 n 个空格组成的字符串
deblank	去掉字符串末尾的空格
findstr	在一个字符串中找到另一个字符串出现过的所有位置
isletter	返回一个由逻辑值组成的矩阵，返回矩阵中，字符串中字母所对应的位置元素为 1，其他为 0
isspace	返回一个由逻辑值组成的矩阵，返回矩阵中，字符串中空格所对应的位置元素为 1，其他为 0
isstr	判断一个变量是否为字符串，是则返回逻辑值 1，否则返回 0
strcmp	两个字符串相同则返回逻辑真值，否则返回逻辑假

续表

函数名	函数功能
strcat	将两个或多个字符串水平相连
strrep(str, old, new)	将字符串 str 中的所有 old 都替换为 new

5. 结构体(structure，struct)

结构体是一种特殊的数据类型，它是由一系列数据构成的集合，通过不同的字段存储相同或不同类型的数据。一个结构体中也可以包含一个或多个结构体，即结构体可以嵌套。有两种创建结构体的方法，一种是直接给每个字段逐一赋值，另一种是使用 struct 函数，具体用法如下所示：

```
>> subj1.name = 'math'; %   用第一种方式创建结构体
>> subj1.score = 95;
>> subj1
subj1 =
包含以下字段的 struct：
    name: 'math'
    score: 95
>> subj2 = struct('name', 'English', 'score', 92)
% 用 struct 函数创建结构体，奇数位的参数是属性名，偶数位的参数是属性值
subj2 =
包含以下字段的 struct：
    name: 'English'
    score: 92
```

要访问结构体变量的字段的值，可以直接输入"结构体变量名.字段名"，例如：

```
>> subj2.score
ans =
    92
```

多个结构体变量可以联合，产生一个结构体数组。假设之前已经定义 subj1、subj2、subj3、subj4、subj5 五个结构体变量，则可以用以下方式定义结构体数组：

```
>> subjects = [subj1 subj2 subj3 subj4 subj5];
% 定义一个结构体数组
>> subjects(1).name % 访问结构体数组中第一个元素的 name 属性
ans =
    'math'
```

rmfield 函数可以删除一个或多个结构体中的字段，用法如下：

```
rmfield(s, field)
```

其中，s 为结构体变量的变量名，field 为字段名字符串。

6. 元胞数组(cell)

元胞数组，又称单元数组、单元格数组。一个元胞数组实际上是一个广义上的矩阵，它可以包含任意类型的数据，每个元素也不必具有相同的尺寸。

要创建一个元胞数组,也可以通过两种方式:一种是将各个元素用花括号括起,用逗号或空格分隔,用分号换行;另一种是使用 cell 函数创建空的元胞数组,cell 函数的参数是要创建的元胞数组的尺寸。例如:

```
>> A = {[1, 2, 3, 4], exp(2); 7, 'a'}
A =
  2×2 cell 数组
    {1×4 double}    {[7.389 1]}
    {[       7]}    {'a'       }
>> B = cell(3, 2) % 创建一个三行两列的空元胞数组
B =
  3×2 cell 数组
    {0×0 double}    {0×0 double}
    {0×0 double}    {0×0 double}
    {0×0 double}    {0×0 double}
```

访问一个元胞数组中的元素,可以按普通数组的方式处理,即“数组名(序号)”,但如果被访问的元素是一个数组或矩阵,这样做不能得到该数组或矩阵中每个元素的具体值。要得到具体值,需要按“数组名{序号}”的方式进行访问。

```
>> A(1)
ans =
  1×1 cell 数组
    {1×4 double}
>> A{1}
ans =
     1     2     3     4
```

与结构体变量相似,元胞数组也可以嵌套使用。

7. 函数句柄(function handle)

函数句柄是一个用来快速调用某个函数的方式,它包含了函数的名称、路径等与函数有关的信息。使用函数句柄有很多好处,其中最重要的是它提高了运行的速度。在调用一个函数时,MATLAB 会在很多目录中搜寻对应的函数(这些目录可以通过输入“path”查看),而函数句柄中已经包含了函数的路径信息,调用函数句柄时不再需要寻找函数的路径,进而加快了访问函数的速度。

创建函数句柄有如下两种语法,一种为:

```
handle = @fun_name;
```

其中,handle 为句柄名称,fun_name 为函数名称。另一种则涉及参数和匿名函数:

```
handle = @(x) x .^ 2;
```

其中,handle 为句柄名称,x 为参数,x.^2 为匿名函数的返回值。

```
>> arcsin = @asin
arcsin =
  包含以下值的 function_handle:
```

```
    @asin
>> arcsin(1)
ans =
    1.570 8
>> square = @(x) x .^2
square =
包含以下值的 function_handle:
    @(x)x.^2
>> square(3)
ans =
    9
```

对于含有匿名函数的函数句柄,也可以通过 feval 函数调用,获得返回值。feval 的函数语法如下:

```
[y1, y2, …, yn] = feval(fun, x1, x2, …, xn);
```

其中,"[y1, y2, …, yn]"为对于给定的参数,函数句柄所包含匿名函数的返回值;"fun"为函数句柄名称;"x1"至"xn"为匿名函数所需要的参数。

```
>> feval(square, 4)
ans =
    16
```

2.1.2　MATLAB 的数值精度及取整

在 MATLAB 中,可以设置多种显示精度。然而,无论设置的显示精度是多少,MATLAB在计算时都根据变量的数据类型的精度进行计算,而不受显示精度的影响。在两个不同类型的变量相加时,按精度较低、取值范围较小的类型进行计算,如下所示:

```
>> a = uint8(20)
a =
uint8
    20
>> b = 5.5
b =
    5.500 0
>> c = a+b
c =
uint8
    26
>> d = 256.23;
>> c = a+d% 达到 uint8 类型取值范围的上界
c =
uint8
    255
```

常用的取整函数有 ceil、floor、fix、round 等,下面逐一简要介绍这几个函数。

（1）ceil：向＋∞取整，例如，ceil(−0.5)的值为 0，ceil(0.1)的值为 1。

（2）floor：向−∞取整，例如，floor(−3.1)的值为−4，floor(1.7)的值为 1。

（3）fix：向 0 取整，例如，fix(0.6)的值为 0，fix(−0.6)的值也为 0。

（4）round：四舍五入，向最近的整数取整，例如，round(1.5)的值为 2，round(−1.5)的值为−2。

2.1.3　MATLAB 的显示精度

MATLAB 中数值的显示精度由 format 函数控制。需要特别注意的是，数值的显示精度与它实际存储的精度没有任何关联。在 MATLAB 中有多种显示精度，如下所示：

```
>> a = 5 / 3;
>> format long % 显示 16 位近似定点数
>> a
a =
    1.666 666 666 666 667
>> format short % 显示 5 位近似定点数
>> a
a =
    1.666 7
>> format long e % 用科学记数法显示 16 位定点数
>> a
a =
    1.666 666 666 666 667e + 00
>> format bank % 银行格式
>> a
a =
    1.67
>> format rat % 按最靠近的比例显示
>> a
a =
    5/3
```

以上为 MATLAB 中常用的一些显示精度，更多的显示精度可以通过 help format 进行查询。

2.2　关系运算和逻辑运算

2.2.1　关系运算

关系运算用于比较两个变量之间的大小、相等或不等的关系。MATLAB 中的关系运算符如表 2.3 所示。

表 2.3　MATLAB 中的关系运算符

关系运算符	含义
<	小于
<=	小于等于
>	大于
>=	大于等于
==	等于
~=	不等于

与 C/C++ 等语言相似,在 MATLAB 中,一个等号"="表示赋值,两个等号"=="表示关系运算,判断两个变量是否相等。与 C/C++ 等语言不同的是,在 MATLAB 中,不等用"~="而非"!="表示。

一个关系运算总是返回逻辑值(逻辑 0 或 1)。如果参与关系运算的是两个矩阵,则将两个矩阵对应位置的元素一一进行比较,如下所示:

```
>> 2 ~= 3
ans =
    logical
    1
>> a = [1 2 3; 9 8 7; 4 5 6];
>> b = [0 2 4; 8 6 4; 3 5 7];
>> a >= b
ans =
    3×3 logical 数组
    1  1  0
    1  1  1
    1  1  0
>> a = 5;
>> b = magic(3);
>> a < b
ans =
    3×3 logical 数组
    1  0  1
    0  0  1
    0  1  0
```

2.2.2　逻辑运算

在进行逻辑运算时,MATLAB 将不为 0 的值视为逻辑真值,而将 0 视为逻辑假值。MATLAB 中的逻辑运算符如表 2.4 所示。

表 2.4 MATLAB 中的逻辑运算符

逻辑运算符	含义
&	逻辑与,如果参与运算的两个值均为逻辑真则结果也为真
|	逻辑或,如果参与运算的两个值至少有一个为逻辑真则结果为真
~	逻辑非

除了上述逻辑运算符以外,MATLAB 还提供了逻辑运算函数,如表 2.5 所示。

表 2.5 MATLAB 中常用的逻辑运算函数

逻辑运算函数	含义
xor	逻辑异或,如果参与运算的两个逻辑值相同则运算结果为逻辑真,否则结果为逻辑假
all	参数的每一个元素均为逻辑真值则返回逻辑真,否则返回逻辑假
any	参数中存在为逻辑真值的元素则返回逻辑真,否则返回逻辑假
isnan	判断是否为 NaN(非数)
isinf	判断是否为 Inf(无穷大值)
isfinite	判断值是否为有限值(即非 Inf)
ischar	判断参数是否为字符
isequal	判断两个参数是否相等
ismember	两个矩阵存在属于关系则返回逻辑真,否则返回逻辑假
isempty	判断矩阵是否为空
isletter	判断字符串各元素是否为字母
isspace	判断字符串各元素是否为空格
isprime	判断是否为质数
isreal	判断是否为实数

例:

```
>> a = 5; b = 3;
>> (a > 4) | (b < 2)
ans =
  logical
    1
>> A = [0, 0, 1];
>> ~A
ans =
  1×3 logical 数组
    1   1   0
>> all(A)
ans =
  logical
    0
>> any(A)
ans =
  logical
    1
```

```
>> isprime(7)
ans =
logical
    1
```

2.3 复数及其运算

2.3.1 复数的创建

对于复数来说,默认情况下,实部和虚部也是 double 类型的。在没有自定义变量 i 和 j 的情况下,i 和 j 都表示虚数单位。要创建一个复数,可以采用"复数变量名 ＝实部＋虚部 * i 或 j"的方式。

```
>> a = 2+3i;
>> class(a)
ans =
    'double'
>> b = 2+3j;        % 在 MATLAB 中,j 也表示虚数单位
>> a == b           % 判断 a 和 b 的值是否相等,值为 1 则相等
ans =
logical
    1
```

2.3.2 复数的运算

和实数的四则运算相类似,复数也可以通过＋、－、*、/等运算符进行对应的加减乘除操作。除此之外,MATLAB 中还提供了与复数有关的函数,可以方便快捷地对复数进行操作,如表 2.6 所示。

表 2.6 MATLAB 中与复数有关的函数

函数名	函数功能
abs	返回复数的模
conj	返回共轭复数
real	返回复数的实部
imag	返回复数的虚部
angle	返回复数的辐角

2.4 矩阵及其运算

2.4.1 矩阵的创建

1. 直接创建

一般情况下,通过方括号将矩阵中的元素括起来,就可以创建一个矩阵。在方括号内,用空格或逗号将同一行的不同元素隔开,用分号或回车换行。需要注意的是,使用这种方式创建矩阵时要确保各行的元素个数相等,否则 MATLAB 会给出错误提示。例如:

```
>> A1 = [1 2 3 4 5];  % 生成一个行向量
>> B1 = [1 3 4 2 1; 2 3 4 1 9; 2 2 1 3 4];   % 生成一个 3 行 5 列的矩阵
```

要快速生成一个列向量,可以将行向量转置得到。在矩阵的各元素均为实数的情况下,我们一般采用一个半角的西文单引号"'"表示转置。例如,如果要生成一个和上例中矩阵"A1"元素相同的列向量,我们可以将"A1"矩阵转置得到,即"A2 = A1';"。"'"和".'"的区别在于,前者在转置的同时会取各个元素的共轭复数,而后者不会。

2. 使用冒号表达式、linspace 或 logspace 按一定间距创建

要快速地生成一个具有等间距元素的矩阵,可以使用冒号表达式,格式为"起始值:步长:终止值"。其中,步长可以省略,表示步长为 1。例如:

```
>> x1 = 1:0.1:2   % 生成一个从 1 到 2 依次递增 0.1 的行向量
>> x2 = (2:-0.1:1)'  % 生成一个从 2 到 1 依次递减 0.1 的列向量
>> A = [1:0.1:2; 3:0.2:5]   % 生成一个 2 行 10 列的矩阵
```

也可以通过 linspace 函数来创建具有等差元素的行向量。linspace 的用法如下:

```
x = linspace(base, limit, n);
```

其中,x 为 linspace 函数返回的矩阵,"base"为起始值,"limit"为终止值。如果"base"大于"limit",则矩阵的元素依次递增;如果"base"小于"limit",则矩阵的元素依次递减。n 为产生的矩阵中元素的个数,可以省略,省略时产生 100 个元素。

例如:

```
>> x1 = linspace(1, 2, 10);
>> x2 = linspace(2, 1);
```

而 logspace 函数则用于创建具有等比元素的行向量。logspace 的用法如下:

```
x = logspace(a, b, n);
```

与 linspace 函数不同的是,在 logspace 中,a 代表起始值为 10 的 a 次幂,b 代表终止值为 10 的 b 次幂。n 为产生的矩阵中元素的个数,可以省略,省略时产生 100 个元素。

3. 使用函数创建

MATLAB 提供了多个函数,便于我们创建特殊矩阵,如表 2.7 所示。

表 2.7　用于创建特殊矩阵的函数

函数名称	函数功能
zeros(n)	生成一个元素全为 0 的矩阵。参数只有一个 n 时,返回一个二维 n 阶方阵;有多个参数时,参数代表自定义的矩阵尺寸
ones(n)	生成一个元素全为 1 的矩阵。参数只有一个 n 时,返回一个 n 阶方阵;有多个参数时,参数代表自定义的矩阵尺寸
eye(n)	生成一个对角线元素均为 1 的矩阵。参数只有一个 n 时,返回一个 n 阶方阵;有多个参数时,参数代表自定义的矩阵尺寸
rand(n)	生成一个元素的值服从 0 到 1 均匀分布的矩阵。参数只有一个 n 时,返回一个二维的 n 阶方阵;有多个参数时,参数代表自定义的矩阵尺寸
randn(n)	生成一个元素的值服从标准正态分布的矩阵。参数只有一个 n 时,返回一个二维的 n 阶方阵;有多个参数时,参数代表自定义的矩阵尺寸

例如：

```
I = eye(3);   % 生成一个三阶单位矩阵
A = zeros(size(I));   % 生成一个与I的尺寸相同的零矩阵
B = randn(2, 3, 2);   % 生成一个2×3×2的元素服从标准正态分布的随机数矩阵
```

4．将已有的两个或多个矩阵合并

对于行数或列数相同的两个或多个矩阵，可以将他们合并成一个新的矩阵。在合并时，把每个矩阵看作一个元素，结合实际情况，用分号、逗号或空格进行分隔。

例如：

```
A = [1 2 3; 4 5 6];
B = [6 5 4; 3 2 1];
C = [A; B];   % 将 A 和 B 合并成一个 4 行 3 列的矩阵
D = [A B];   % 将 A 和 B 合并成一个 2 行 6 列的矩阵
```

2.4.2　矩阵的运算

1．矩阵的加法和减法
用法：

```
C = A+B;
C = A-B;
```

直接使用＋、－运算符即可。如果 A 和 B 的维度相同，那么 MATLAB 会自动将 A 和 B 的对应位置元素相加减；若 A 和 B 二者中有一个为标量，则将这个标量逐个元素地加到矩阵上，赋给 C；如果 A 和 B 的维度不同，则 MATLAB 报错，提示两个矩阵维度不等。

2．矩阵的乘法和乘幂
用法：

```
C = A * B;
C = A^n;   % 其中n为幂指数
```

与线性代数中对矩阵乘法运算的要求相同，MATLAB 中也要求 A 的列数等于 B 的行数。矩阵的乘幂定义为 n 个矩阵自身连乘，不难推导出，对矩阵进行乘幂仅对方阵有效。

3．矩阵的左除和右除
用法：

```
C = A \ B   % 矩阵的左除
C = A / B   % 矩阵的右除
```

MATLAB 中使用"\"（反斜杠）运算符代表矩阵的左除，"A\B"实际上相当于求方程 $AX=B$ 的解 X。如果 A 为非奇异矩阵，则 $X=A^{-1}B$；否则将使用最小二乘法计算 X 矩阵。"/"运算符代表矩阵的右除，"A/B"实际上相当于求方程 $XB=A$ 的解 X。如果 B 为非奇异矩阵，则 $X=AB^{-1}$。

4．矩阵的点运算

点运算（element-wise）是一种特殊的运算，将两个矩阵的对应元素直接进行运算。例如，

"C＝A.＊B"代表将 *A* 矩阵的(i,j)元素和 *B* 矩阵的(i,j)元素直接相乘,结果赋给 *C* 矩阵的(i,j)元素。注意,".＊"".∕"和".\"运算都要求参与运算的两个矩阵维度相同。

其实,我们可以发现,MATLAB 中很多函数也是采用点运算的方式进行运算的,例如"sqrt(A)"是将 *A* 矩阵中每个元素都开平方。点运算的另一个重要作用体现在,当我们需要对矩阵的每一个元素进行乘幂时,可以使用".~",如"A.^2",将 *A* 中每个元素进行平方。

5. 矩阵的转置

设 *B* 为 *A* 的转置矩阵,在数学中,它们满足 $A(i,j)=B(j,i)$ 的关系。如果在转置后再对矩阵的每个元素求共轭复数,即 $A(i,j)$ 和 $B(j,i)$ 互为共轭复数,则称这样的共轭转置为埃尔米特转置(Hermite transpose)。在 MATLAB 中,矩阵 *A* 的埃尔米特转置用"A'"表示,*A* 的非共轭转置用"A.'"表示。

例如:

```
>> A = [1+j, 2-j; 5, 0];
>> A'
ans =

     1    -    1i        5    +    0i
     2    +    1i        0    +    0i
>> A.'
ans =

     1    +    1i        5    +    0i
     2    -    1i        0    +    0i
```

6. 逆矩阵

求一个矩阵的逆矩阵,可以使用 inv 函数。使用时需要注意,当矩阵为奇异矩阵时,返回的逆矩阵每个元素均为 Inf。当矩阵接近奇异时,MATLAB 会给出警告信息。

7. 矩阵的旋转与翻转

MATLAB 中一些用于旋转矩阵的函数如表 2.8 所示。

表 2.8　旋转矩阵函数

函数	用法
fliplr	将矩阵左右翻转
flipud	将矩阵上下翻转
rot90	将矩阵逆时针旋转 90°

2.4.3　矩阵元素的访问和修改

可以通过两种方式来访问矩阵的元素,一种是矩阵元素所在位置的行号和列号,一种是矩阵元素的序号。与 C/C++、Java、Python 这些语言不同,在 MATLAB 中,行列号、序号等是从 1 开始计数的,并用圆括号()而非方括号[]访问,例如,$A(1,1)$ 为矩阵 *A* 第一行第一列的元素。矩阵的序号,则是按列对矩阵的各个元素进行编号,例如,对于二维矩阵,第一列第一行的元素序号为 1,第一列第二行的元素序号为 2,以此类推。

例如,访问 magic(3)第二行第二列的元素:

```
>> A = magic(3)
A =
    8    1    6
    3    5    7
    4    9    2
>> A(5)    % 先从上到下数,再从左到右数,第二行第二列元素的序号为 5
ans =
    5
>> A(2, 2)    % 按行号和列号访问元素
ans =
    5
```

2.5 符号运算

2.5.1 符号运算概述

一般情况下,MATLAB 进行的运算为数值运算,即求数学问题的近似解。符号运算,则是进行数学式的推导,如对表达式进行因式分解与化简、微积分、解方程等。因为不涉及具体数值的计算,所以在这个过程中没有数值精度的损失。

2.5.2 常用的符号运算

要定义一个或多个符号变量,只需要在"syms"后加上要定义符号变量的变量名即可,多个变量名用空格隔开,例如"syms a b c",行末的分号可以省略。

要定义一个符号矩阵(由符号变量组成的矩阵),则需要用到 str2sym 函数,以创建矩阵表达式的字符串作为函数的变量。例如:

```
X = str2sym('[a, b, c]')
```

也可以使用 sym 函数将一个数值矩阵转换为符号矩阵,要转换的数值矩阵作为函数的参数。例如:

```
>> x1 = [1, 1/3, 4.5];
>> x2 = sym(x1)
x2 =
[ 1, 1/3, 9/2]
```

可以看出,符号矩阵存储的元素用分数表示,没有数值精度上的损失。

subs 函数用于符号变量的替换,多数情况下是用具体的数值替换符号变量。该命令适用于单个符号矩阵、符号表达式、符号代数方程和微分方程。该函数的使用方法如下:

(1)subs(S, new),表示用新的变量 new 替换 S 中的默认变量。

(2)subs(S, old, new),表示用新变量 new 替换 S 中指定的变量 old。如果新变量是符号变量,必须将新变量名以 new 的形式给出。

例如,用 −3 替换 f 中的符号变量 A:

```
>> f = sym('cos(1/2 * A * pi)');
>> subs(f, 'A', -3)
ans =
0
```

第3章 绘图可视化

3.1 MATLAB 基本绘图知识

3.1.1 基本绘图步骤

在 MATLAB 中绘制图形,一般采用以下几个步骤。

(1)数据准备:主要工作是产生好绘图需要的横坐标变量和纵坐标变量数据。

(2)选定绘图窗口及子图位置:在指定的位置创建新的绘图窗口,并自动以此窗口的绘图为当前绘图区;或在当前绘图窗口指定子图位置。

(3)绘制图形:调用绘图函数或使用绘图工作空间绘制函数范围。

(4)设置图形中曲线和标记点格式:利用对象属性值或图形窗口工具栏设置线型、颜色、标记类型等。

(5)设置坐标轴和网格线属性:将坐标轴的范围设置在指定曲线。

(6)注释图形:添加图形注释,包括在图形中添加标题、坐标轴标注、图例和文字说明等。

(7)保存和导出图形。

3.1.2 在工作空间中绘图

在 MATLAB 中,还有一种较为简单的绘图方法,就是直接利用工作空间的数据绘出想要的图形。这种方法使用起来非常简单,只需要选中需要的绘图类型就可以绘制了。

这种绘图方法的基本过程是:在工作空间中,首先用鼠标左键选中要绘制图形的数据变量,看到变量变成蓝色后,点击 MATLAB 主界面上方的绘图选项卡,并且选择图形的类型,就可以绘出想要的图形了。选项卡界面如图 3.1(旧版本的界面略有不同)所示。

图 3.1 选项卡界面

如果绘制的是多变量数据的图形,使用 shift 键全部选中数据后,再点击绘图图表的图形类别,就会输出绘制的图形并且在命令行窗口有相应的代码,我们可以接着往下写以对图形做出调整等操作。

MATLAB 根据变量列出不同的图形类别,包括 plot、bar、area、pie、stem、hist 和其他类型图形。

【例 3.1】工作空间直接作图法使用实例。利用工作空间绘制 $y = \cos(x)$ 的图形。

在命令行窗口中输入以下命令:

```
x = - 2 * pi:.02:2 * pi;        % 定义 x 的范围及刻度
y = cos(x);                     % 定义 y 与 x 之间的函数
```

运行后,在工作空间中将生成变量 x 和 y。

在工作区中,可以看到数据名、数据类型,然后用鼠标右键点击 y 变量,则数据行变蓝,如果此时不选中 x 变量,直接点击绘图选项卡并在其中选择 plot 便可绘制图形。操作界面及绘制的图形如图 3.2 所示。

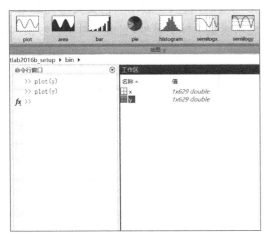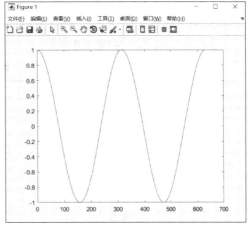

图 3.2　绘制 $y = \cos(x)$ 的图形

如果选中 y 后,按住 shift 键,继续选中 x,再选择 plot 也可绘制图形。操作界面及绘制的图形如图 3.3 所示。我们可以比较两图的差异,然后试试先选中 x 再选中 y 后选择 plot,看绘制出的图形有什么不同。

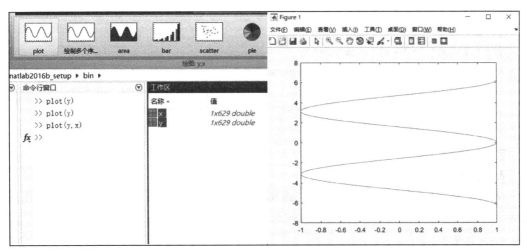

图 3.3　绘制 $x = \cos(y)$ 的图形

3.1.3　利用绘图函数绘图

MATLAB 提供了丰富的绘图功能,在命令窗口中输入"help graph2d"可得到所有画二维图形的命令,输入"help graph3d"可得到所有画三维图形的命令。

1. 二维图形

二维图形的基本绘图命令是：

```
plot (x1,y1,option1,x2,y2,option2,…)
```

其中，"x1"与"y1"给出的数据分别为 x 轴与 y 轴的坐标值，"option1"为选项参数，以逐点连折线的方式绘制第一个二维图形；同时类似地绘制第二个二维图形。

这是 plot 命令的完全格式，在实际应用中可以根据需要进行简化。例如，"plot(x,y)"、"plot(x,y,option)"，选项参数 option 定义了图形曲线的颜色（一般用颜色英文单词的第一个字母表示，如 r 表示红色、g 表示绿色、b 表示蓝色）、线型及标示符号，它由一对单引号括起来。表 3.1 列出了一些常用的 option 参数。

表 3.1　常用 option 参数

option	颜色	option	线型	option	标示符号
b	蓝色	—	实线	.	点
g	绿色	:	虚线	+	加号符
r	红色	—.	点划线	*	八线符
c	青色	——	双划线	d	菱形符
w	白色			o	空心圆圈
m	品红			p	五角星符
k	黑色			s	六角星符
y	黄色			x	叉号符

【例 3.2】二维图形绘制实例。在同一坐标系内，分别用不同线型和颜色绘制曲线 $y = 0.2e^{-0.5x}\cos(4\pi x)$ 和 $y = 1.5e^{-0.5}\cos(\pi x)$，标记两曲线交叉点。

程序如下：

```
x = -2 * pi:.02:2 * pi;   %定义 x 的范围及刻度
y1 = 0.2 * exp(-0.5 * x). * cos(4 * pi * x);
y2 = 1.5 * exp(-0.5 * x). * cos(pi * x);
k = find(abs(y1 - y2)<1e - 2);   %查找 y1 与 y2 相等点(近似相等)的下标
x1 = x(k);   %取 y1 与 y2 相等点的 x 坐标
y3 = 0.2 * exp(-0.5 * x1). * cos(4 * pi * x1);   %求 y1 与 y2 值相等点的 y 坐标
plot(x,y1,x,y2,'k:',x1,y3,'bp');
```

程序执行结果如图 3.4 所示。

2. 三维图形

MATLAB 中三维图形绘制功能与二维图形的绘制很相似，但因为可绘制的三维图形可分为三维曲线和三维曲面，所以需要额外注意，下面分别进行讲述。

1）三维曲线

MATLAB 提供了一个绘制三维曲线图的基本命令 plot3，其常用的格式是：

```
plot3 (x1,y1,z1, option1,x2,y2,z2,option2,…)
```

其中，"x1""y1""z1"所给出的数据分别为 x、y、z 轴的坐标值。"option1"为选项参数，其定义与 plot 函数的相同。"x2""y2""z2"所给出的数据分别为 x、y、z 轴的坐标值。

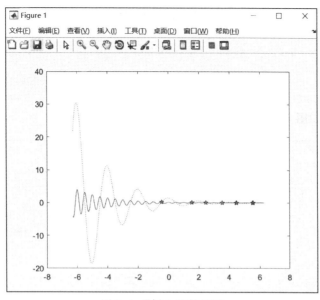

图 3.4 【例 3.2】结果图

2）三维曲面

三维曲面包括三维网格曲面和三维阴影曲面，使用 MATLAB 绘制三维曲面，先要生成在 xy 平面的网格数据，再以一组 z 轴的数据对应到这个二维网格，然后调用绘图函数绘制。常见的绘制三维曲面的 MATLAB 函数有 mesh 和 surf，此外，还有 meshz 和 meshc 命令，用于添加平行于 z 轴的边框线或等高线。下面先介绍 mesh 和 surf 函数。

（1）mesh 函数的常用格式为：

```
mesh(X,Y,Z,C)
```

参数 X、Y、Z 都为矩阵值，参数 C 表示网格曲面的颜色分布情况。通过 mesh 函数可绘制三维网格曲面图。

（2）surf 函数的常用格式为：

```
surf(X,Y,Z,C)
```

参数 X、Y、Z 都为矩阵值，参数 C 表示网格曲面的颜色分布情况。基本的三维阴影曲面绘制采用 surf 绘制。

【例 3.3】三维图形绘制实例。绘制三维曲线

$$\left.\begin{array}{l} x = \sin t + t\cos t \\ y = \cos t - t\sin t \\ z = t \end{array}\right\} \quad (0 \leqslant t \leqslant 10\pi)$$

程序如下：

```
t = 0:.02:10 * pi;          %设置 t 的范围及刻度
x = sin(t) + t. * cos(t);
y = cos(t) - t. * sin(t);
z = t;
plot3(x,y,z);               %调用 plot3 绘制三维曲线
```

```
title('Line in 3D space');            % 为图形增加标题
xlabel('X');
ylabel('Y');
zlabel('Z')
grid on
```

程序执行结果如图 3.5 所示。

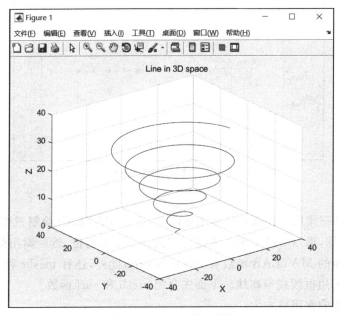

图 3.5　【例 3.3】结果图

请尝试在命令行窗口加上 view([0 0 1]) 或 view([0 1 0]),看看图形会有什么变化。可以在命令行窗口输入"help view"命令,查看 view 的相关文档。

【例 3.4】三维曲面图形绘制实例。作出 $z = x^2 + y^2$,其中 $x \in [-2,2]$ $y \in [-2,2]$。

在 M 文件编辑器中创建函数,如下所示:

```
function demo3_4()
x = -2:.5:2;
y = -2:.5:2;
[X,Y] = meshgrid(x,y);
Z = X.^2 + Y.^2;
subplot(2,2,1),mesh(X,Y,Z),grid on
title('网格图 a');
subplot(2,2,2),mesh(X,Y,Z),view([0 30]),grid on
title('在方位角 0°和视角 30°处观察图 a');
subplot(2,2,3),contour(X,Y,Z);
title('二维等高线');
subplot(2,2,4),contour3(X,Y,Z,10);
title('三维等高线');
```

运行该函数,输出结果如图 3.6 所示。

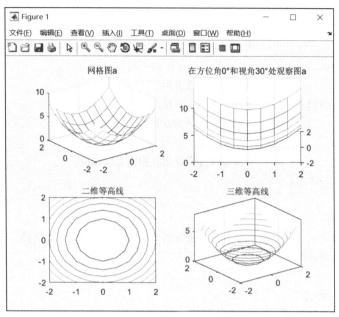

图 3.6　【例 3.4】结果图

学完这节读者可以自行尝试用 surf 来绘制三维阴影曲面图,并用 help 命令查询有关 subplot、contour 等函数的有关文档。

3.2　特殊图形绘制

除了折线型的图形之外,很多研究领域还使用了其他一些不同类型的特殊图形,使用者可以通过绘制这些图形知悉数据占数据集的比例、数据点的分布和等高线等。

3.2.1　直方图

直方图是一种对数据分布情况的图形表示,它的两个坐标分别是统计样本和该样本对应的某个属性的度量。直方图中用每一个柱条代表处于该区间中的数据点数目。在 MATLAB 中,通过 hist 函数来绘制直角坐标系下的频数直方图。

hist 函数的常用调用格式为:

```
n = hist(x)
n = hist(x,nbins)
```

其中,hist(x) 将向量 x 的元素按其中数据的大小分到 10 个长度相等的容器内,以柱状图的形式表现出来并返回每个容器的元素个数 n。hist(x,$nbins$) 中的参数 $nbins$ 则可以定义容器个数。

极坐标下的直方图也称为玫瑰图,绘制函数是 rose,其常用的调用格式是:

```
rose(thera,x)
```

表示以向量 x 的各个元素值为统计范围,绘制 $thera$ 的分布图。

【例 3.5】直方图绘制函数 hist 的使用实例。

在 M 文件编辑器中输入以下命令：

```
y = rand(100,1);                    %生成待统计的数据
n = hist(y);                        %返回统计频数
subplot(1,3,1);
hist(y);                            %绘制统计直方图
xlabel('(a)hist(y)');               %在 x 轴下方作标注
axis('square');                     %调整坐标轴为方形
subplot(1,3,2);
hist(y,7);                          %绘制统计直方图并指定区域数目
xlabel('(b)hist(y,7)');
axis('square');
subplot(1,3,3);
hist(y,0:.1:1);                     %绘制统计直方图并指定每个区域的中心位置
xlabel('(c)hist(y,0:.1:1)');
axis('square');
set(gcf,'Color','w');
disp('频数:'),n
```

执行程序后,可以得到如图 3.7 所示结果。

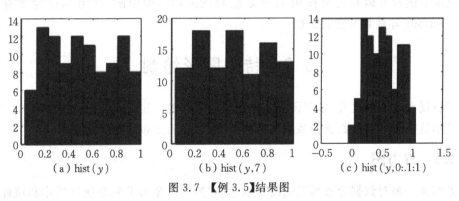

图 3.7　【例 3.5】结果图

【例 3.6】玫瑰图绘制函数 rose 的使用实例。利用函数 rose 绘制极坐标下的玫瑰图,其中 t 为随机数,并且图形为线型图形,设置宽度为 1.5。

在 M 文件中输入如下代码：

```
x = rand(1000,1) * 100;             %生成 1000 个随机数
t = x * pi/180;
rose(t);                            %绘制玫瑰图
set(findobj(gca,'Type','line'),'LineWidth',1.5);   %修饰图形
```

执行程序后,可以得到如图 3.8 所示结果。

3.2.2　条形图

MATLAB 中可用 bar 或者 barh 指令绘制条形图,它们把单个数据显示为纵向或者横向

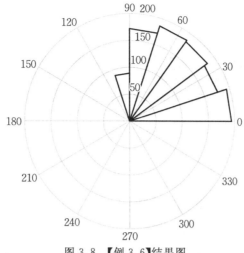

图 3.8 【例 3.6】结果图

的柱条。如果用户需要查看变量的时间变化趋势、比较不同组数据集、比较各个单独数据点在总体中的比重,常会用到条形图来绘制离散数据。

bar 函数的常见调用格式为:

```
bar (data,mode)
```

其中,*mode* 用于设置绘图模式。默认情况下为"grouped"模式,这时 bar 函数把数组 **data** 的每一行看作一组,画在同一个水平坐标位置;若指定为"stacked",则把每一组的数据累叠起来绘图。

barh 和 bar 的调用格式是一样的,两者的区别在于 barh 绘制的是水平放置的二维柱状图,bar 绘制的是垂直放置的二维柱状图。

绘制三维柱状图的函数是 bar3 和 bar3h,用法和 bar、barh 类似,将每一个元素用三维柱状图表示。类似地,bar3 用来绘制垂直放置的三维柱状图,bar3h 用来绘制水平放置的三维柱状图。

【例 3.7】柱状图绘制函数 bar 和 barh 的使用实例。用 bar 和 barh 分别绘制下面省份 2017 上半年地区生产总值(GDP)总量的柱状图。给出的数据表格如表 3.2 所示。

表 3.2 部分省份 2017 年上半年 GDP 总量柱状图

城市	GDP 总量/亿元	城市	GDP 总量/亿元
广东	41 957.84	江苏	40 821.20
上海	13 908.57	山东	35 017.39
北京	12 406.80	福建	13 289.77

程序代码如下:

```
gdp = [41 957.84 40 821.20 35 017.39 13 908.57 13 289.77 12 406.80];
subplot(2,1,1);barh(gdp);subplot(2,1,2);bar(gdp);
set(gca,'XTickLabel',{'广东','江苏','山东','上海','福建','北京'});
```

运行后输出图形如图 3.9 所示。

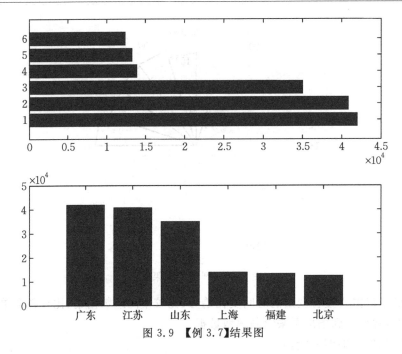

图 3.9　【例 3.7】结果图

学习了【例 3.7】示例,读者可以自行用 bar3 和 bar3h 函数实现一遍。

3.2.3　面积图

area 函数用于构建一个层叠的区域面积图,它把每一组数据点累叠绘制,并且把每一个数据集合所在的区域用颜色填充。$\mathrm{area}(x,y)$ 和 $\mathrm{plot}(x,y)$ 将绘制同样的图形,不过 area 绘出的曲线下会填充颜色,而 plot 绘出的只是单纯的曲线。

【例 3.8】面积图绘制函数 area 的使用实例。在一个 Figure 窗口中用 area 函数和 plot 函数绘制函数 $y = \mathrm{e}^{x^2}, x \in [0, \pi]$ 的曲线。

程序代码如下:

```
x = 0:.02:pi;            % 定义 x 的范围及刻度
y = exp(x.^2);           % 算出对应的函数值
subplot(2,1,1);area(x,y);
subplot(2,1,2);plot(x,y);
```

执行后输出如图 3.10 所示结果。

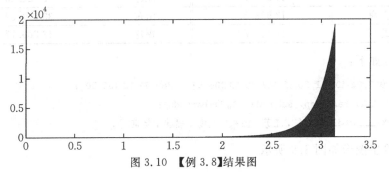

图 3.10　【例 3.8】结果图

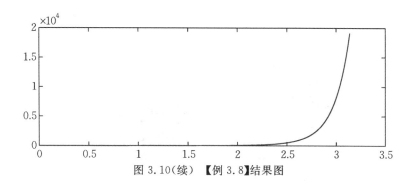

图 3.10(续)　【例 3.8】结果图

3.2.4　饼　图

饼图是一个划分为几个扇形的圆形统计图表,用于描述量、频率或百分比之间的相对关系。MATLAB 中用于绘制饼图的函数是 pie,在输入的数据总和大于 1 的情况下它会自动计算每一部分占总体的比例,若输入数据总和小于 1,不足 1 的部分就会被当作空缺处理。pie 函数也会忽略数据中的非正数。

三维饼图的绘制函数是 pie3,用法与 pie 类似,但三维饼图会显示各组数据所占的比例。

pie 函数的常用调用格式为:

```
pie(x)
```

使用 x 中的数据绘制饼图,饼图的每个扇区代表 x 中的一个元素。

另外,还有“pie(x,explode)”“pie(x,labels)”等使用方式,请读者使用 help 命令详细了解。

【例 3.9】饼图绘制函数使用实例。某同学每个月的生活费为 1 000 元,该同学的计划是其中 700 元用于伙食,50 元用于日用品,150 用于书籍购买,剩下部分存入余额宝,请读者用饼状图表示出该同学生活费的支出计划。

程序代码如下:

```
plan = [700 50 150 100];
type = {'伙食','日用品','书籍','储蓄'};
explode = [0 1 1 0];
subplot(2,2,1);pie(plan,type);
subplot(2,2,2);pie3(plan,type);
subplot(2,2,3);pie(plan,explode);
subplot(2,2,4);pie3(plan,explode);
```

执行以上代码后,输出图形如图 3.11 所示。

3.2.5　散点图

MATLAB 提供了 scatter 函数绘制散点图。在回归分析中常用散点图来分析因变量随自变量变化的趋势。scatter 函数的常见调用格式为:

```
scatter(x,y)
scatter(x,y,s)
scatter(x,y,s,c)
```

其中，*x* 和 *y* 是散点的横纵坐标向量，维度一致，参数 *s* 表示绘制数据点的大小，参数 *c* 表示绘制数据点的颜色。

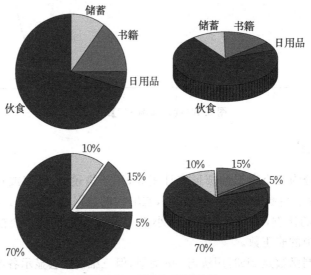

图 3.11 【例 3.9】结果图

【**例** 3.10】scatter 散点图绘制函数的使用实例。观察下面散点图的绘制过程。

```
x = linspace( - pi,pi,100);
y = sin(x) + rand(1,100);
c = linspace(1,10,length(x));
scatter(x,y,[],c)
```

运行以上代码，输出图形如图 3.12 所示。

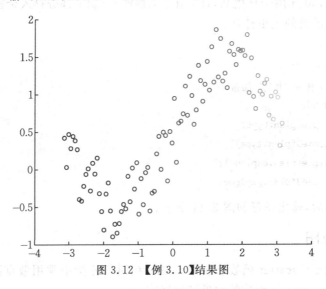

图 3.12 【例 3.10】结果图

3.2.6 火柴杆图

火柴杆图是把每一个数据点用一个垂直于横轴的火柴杆来表示，火柴头的位置表示数据点。在 MATLAB 中用 stem 和 stem3 绘制火柴杆图,也可以指定参数修改火柴头的颜色、线型等属性。stem 函数在平面坐标系上绘制,stem3 函数在三维坐标系上绘制,两者用法相似。

下面用例题演示 stem 和 stem3 的用法。

【例 3.11】火柴杆图绘制函数的使用实例。请使用火柴杆图函数绘制函数 $y = \cos(x^3)$,$x \in [-\pi, \pi]$ 的图像。

程序代码如下:

```
x = -2 * pi:.02:2 * pi;
y = cos(x.^3);
stem(x,y);
```

执行后输出图形如图 3.13 所示。

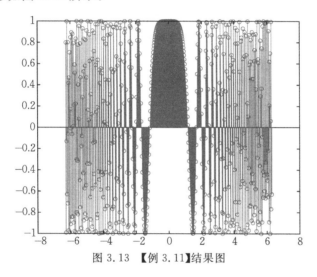

图 3.13　【例 3.11】结果图

3.2.7　阶梯图

除了前面介绍的 bar、stem,阶梯图也可以反映离散数据的变化情况,stairs 函数可以绘制阶梯图。

【例 3.12】阶梯图绘制函数 stairs 的使用实例。先利用 stairs 函数绘制函数 $y = \cos^2 x + \sin^2 x$,$x \in [-2\pi, 2\pi]$ 的图形。再在同一个坐标系上用 plot 绘制该函数,最后用 area 函数绘制。

程序代码如下:

```
x = -2 * pi:.2:2 * pi;y = cos(x).^3 + sin(x).^3;
stairs(x,y);hold on;plot(x,y);
```

输出的图形如图 3.14 所示。

3.2.8　向量图

向量图可以表示出数据的方向信息,包括罗盘图、羽毛图和向量场图等。MATLAB 中的函数 compass 就可以绘制罗盘图。compass 函数接受直角坐标参数,每一个数据点都会以向量的形式绘制在极坐标下。

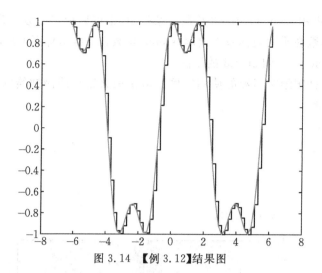

图 3.14 【例 3.12】结果图

【例 3.13】罗盘图绘制函数 compass 的使用实例。利用函数 compass 绘制随机函数值的罗盘图,其中 $x \in [2,5]$,$y \in [2,5]$,并且在笛卡儿坐标系中也绘制出随机数图形,与罗盘图做比较。

在 M 文件编辑器中输入以下命令:

```
x = rand(2,5);y = rand(2,5);
subplot(2,1,1);plot(x,y,'ro');xlabel('X');ylabel('Y');grid on;
subplot(2,1,2);compass(x,y);
```

执行以后输出图形如图 3.15 所示。

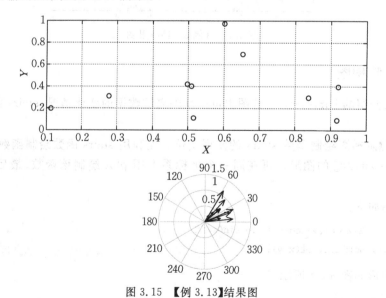

图 3.15 【例 3.13】结果图

函数 feather 用于绘制羽毛图,使用方式与 compass 类似,两者的区别在于羽毛图是在直角坐标系下绘制的,每一个向量的起点相隔一定距离,与罗盘图在极坐标系下绘制向量的起点相同。

【例 3.14】羽毛图绘制函数 feather 的使用实例。利用函数 feather 绘制随机数的羽毛图，其中 $x\in[2,5]$，$y\in[2,5]$，并在笛卡儿坐标系中也绘制出随机数的图形，与羽毛图做比较。

在 M 文件编辑器中输入以下命令：

```
x = rand(2,5);y = rand(2,5);    % 定义 x,y 为正态随机分布数
subplot(2,1,1);plot(x,y,'ro');
xlabel('X');ylabel('Y');
subplot(2,1,2);grid on;feather(x,y);
xlabel('X');ylabel('Y');
```

执行程序后，就可以得到如图 3.16 所示的图形结果。

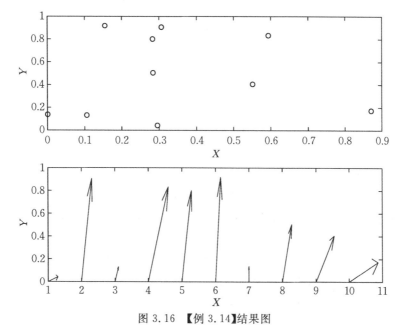

图 3.16　【例 3.14】结果图

【例 3.15】向量场图绘制函数 quiver 的使用实例。利用函数 quiver 绘制 peaks 图形向量图，其中设置 $[x,y,z]=$ peaks(30)。

在 M 文件编辑器中输入以下命令：

```
[x,y,z] = peaks(30);                % 绘制 peaks 图形
contour(x,y,z,5);                   % 绘制等高线
[u,v] = gradient(z);                % 设置梯度
hold on;
quiver(x,y,u,v);xlabel('X'),ylabel('Y');   % 绘制向量场图
```

运行以上代码，可以得到如图 3.17 所示结果。

3.2.9　三维柱面图

MATLAB 提供了 cylinder 函数以产生柱面图表面的坐标矩阵值，然后由该矩阵值利用 mesh 或 surf 命令来绘制三维柱面图。

由于圆柱体是由母线 r 绕 z 轴一周而成，所以绘制圆柱体需要先知道基线 r，这里的基线

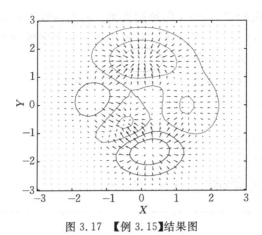

图 3.17 【例 3.15】结果图

是由各个点与 z 轴的距离来定义的。

圆柱体绘制函数的常用调用格式为：

```
[X,Y,Z] = cylinder(r,n)
```

按以上方式调用函数后产生 3 个维数为 $(n+1) \times (n+1)$ 的矩阵 X、Y、Z，它们分别表示圆柱体表面上一系列数据点 (x,y,z) 的坐标值。利用这些矩阵数据，可再用 mesh 命令或 surf 命令来绘制出指定大小和位置的圆柱体图形。

参数 r 是一个向量，它表示等距离分布的沿圆柱体基线在其单位高度的半径。r 的默认值是 $r = [1\ 1]$，参数 n 确定了圆柱体绘制的精度。n 值越大，则数据点越多，绘制出来的圆柱体越精确。反之，n 值越小，精度越低。默认情况下 $n = 20$。

【例 3.16】圆柱体绘制函数 cylinder 的使用实例。利用函数 cylinder 绘制出两种圆柱体。

在 M 文件编辑器中输入以下程序代码：

```
subplot(1,2,1);[X Y Z] = cylinder;mesh(X,Y,Z);title('单位圆柱体');
subplot(1,2,2);t = 1:10;r(t) = t. * t;[X Y Z] = cylinder(r,40);
mesh(X,Y,Z);title('一般圆柱体');
```

输出图形如图 3.18 所示。

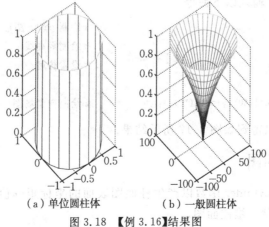

（a）单位圆柱体　　（b）一般圆柱体

图 3.18 【例 3.16】结果图

3.2.10　三维球体图

MATLAB 中提供的绘制球面图的方法是,先用函数 sphere 产生一组单位球面的坐标矩阵值,然后利用前面介绍的 mesh 或 surf 函数根据该矩阵值绘制出球面图形。

【例 3.17】球面绘制函数 sphere 的使用实例。利用 sphere 绘制出两种不同的球面。

在 M 文件编辑器中输入以下代码:

```
subplot(1,2,1);
sphere(25);title('单位球面');
subplot(1,2,2);
[X,Y,Z] = sphere(25);
mesh(X,Y,2 * (Z + 1));
title('移位和放大的球面');
```

输出图形如图 3.19 所示。

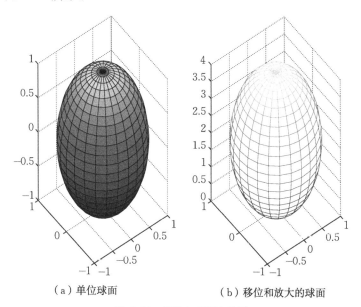

（a）单位球面　　　　　　　　　（b）移位和放大的球面

图 3.19　【例 3.17】结果图

3.2.11　等值线图

等值线图又称为等高线图。MATLAB 提供了 contour 和 contour3 函数绘制二维和三维等高线,使用这两个函数可以比较方便地绘制等高线。contour 的常见调用方式为:

```
contour(z)
contour(x,y,z)
contour(z,n)
contour(x,y,z,n)
```

其中,contour(z)直接绘制矩阵 z 的等高线,contour(x,y,z)中的(x,y)指定了等高线的坐标,参数 n 指定绘制等高线的条数。

【例 3.18】等高线绘制函数 contour 的使用实例。观察以下几种 contour 函数的使用方式。

```
x = -3:.2:3;y = -3:.2:3;
[X,Y] = meshgrid(x,y);
Z = X.*exp(-X.^2-Y.^2);
subplot(2,2,1);
contour(Z);
subplot(2,2,2);
contour(X,Y,Z);
subplot(2,2,3);
contour(Z,80)
subplot(2,2,4)
contour(X,Y,Z,'ShowText','on')
```

运行以上代码后输出如图 3.20 所示结果。

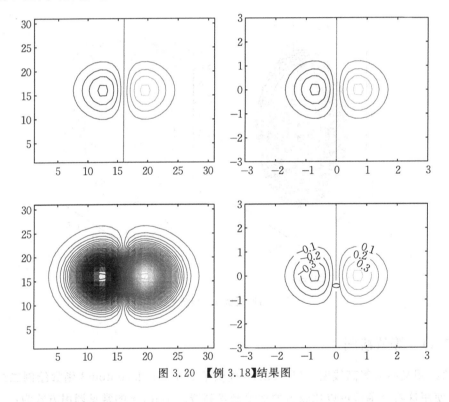

图 3.20 【例 3.18】结果图

3.2.12 隐函数图像

如果给定了函数的显式表达式,可以先设置自变量向量,然后根据表达式计算出函数向量,从而用 plot 等函数绘制出图形。但如果函数用隐函数形式给出,如 $e^{xy} - yx^3 + 1 = 0$,则很难用上述方法绘制出图形。为此 MATLAB 提供了绘制二元隐函数图形和三元隐函数图形的命令 ezplot 和 ezplot3,下面进行介绍。

ezplot 函数的常见调用格式为:

```
ezplot(f,a,b)
ezplot(f,a,b,c,d)
ezplot(x,y,a,b)
```

ezplot3 函数的常见调用格式为:

```
ezplot3(x,y,z,[a,b])
```

【例 3.19】隐函数绘图应用举例。

```
subplot(2,2,1);
ezplot('cos(tan(pi * x))',[0 1]);
subplot(2,2,2);
ezplot('x^2 - y^4');
subplot(2,2,3);
ezplot('5 * cos(5 * t)','4 * sqrt(2 * t)',[0 2 * pi]);
subplot(2,2,4);
ezplot3('sin(t) + t * cos(t)','cos(t) - t * sin(t)','t',[0,10 * pi])
```

程序执行结果如图 3.21 所示。

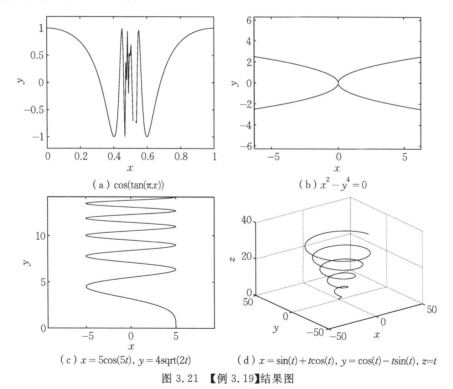

（a）$\cos(\tan(\pi x))$ （b）$x^2 - y^4 = 0$

（c）$x = 5\cos(5t)$, $y = 4\mathrm{sqrt}(2t)$ （d）$x = \sin(t) + t\cos(t)$, $y = \cos(t) - t\sin(t)$, $z = t$

图 3.21 【例 3.19】结果图

3.3   图形修饰与交互

图形绘制以后,为增加图的可读性,还可以添加标注、说明等修饰性处理。同时,用户也可以通过命令或鼠标操作与图形进行交互。

大体上 MATLAB 提供了两类图形修饰方法,一类是直接在输出的图形 Figure 窗口中进行编辑,界面如图 3.22 所示。

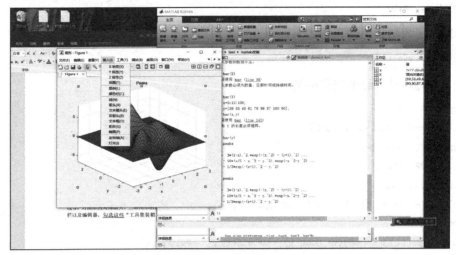

图 3.22　Figure 窗口界面

可以看到,Figure 窗口工具栏中提供了各种图形修饰功能,如在图形上添加箭头、文字、直线等,以及对图形局部放大、三维图形旋转等。当然,"查看"选项卡里还提供了额外的工具栏及编辑器,勾选这些工具集装箱以后,会看到 Figure 窗口又多了一些工具,如图 3.23 所示。

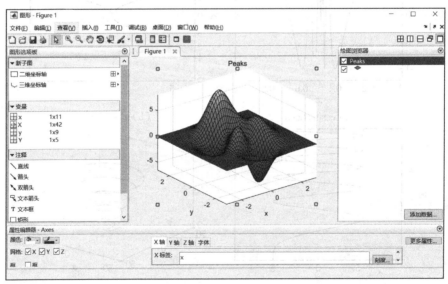

图 3.23　Figure 窗口工具

另一种图形修饰的方法就是调用 MATLAB 函数或者命令,下面对此进行介绍。

1. Figure 窗口相关命令

若要新建一个 Figure 窗口,可用 figure 命令。否则,默认情况下新绘制图形会覆盖原来的 Figure 窗口。可以直接调用 figure,也可以"figure(n)"的格式调用,其中 n 是正整数,并且具有上限,有兴趣的读者可以输入 figure(-1),看看 MATLAB 如何回应。

若要拆分一个 Figure 窗口,可用 subplot 命令。常用调用格式为:

```
subplot(m,n,p)
```

其中,m 表示上下拆分个数,n 表示左右拆分个数,p 为子图编号。

2. 坐标轴相关命令

默认情况下,MATLAB 会自动选择图形的横纵坐标比,如果有需要,也可以用命令控制,常用命令如表 3.3 所示。

表 3.3　坐标轴相关命令

命令格式	说明
axis equal	x、y 坐标比例一致
axis square	x、y 坐标设置为方形坐标
axis tight	紧凑型坐标,即把坐标轴的范围定为数据的范围
axis normal	自动调整坐标轴的横纵比
axis off	清除坐标刻度
axis fill	将坐标轴的取值范围分别设置为绘图所用数据在相应方向上的最大、最小值
axis ij	将二维图形的坐标原点设置在图形窗口的左上角
axis xy	使用笛卡儿坐标系
axis([xmin xmax ymin ymax])	设置坐标区间:x 轴为 $[x_{\min}, x_{\max}]$,y 轴为 $[y_{\min}, y_{\max}]$
grid 或 grid on	为图形增加网格
grid minor	为图形加密集网格
grid off	清除图形网格
set(gca,'XTick',[x0,x1,…,xn])	在 x 轴区间 $[x_0, x_n]$ 上增加刻度线 $x_1, …, x_{n-1}$
semilogx	绘制以 x 轴为对数坐标(以 10 为底),y 轴为线性坐标的半对数坐标图形
semilogy	绘制以 y 轴为对数坐标(以 10 为底),x 轴为线性坐标的半对数坐标图形
loglog	绘制全对数坐标图形,x、y 轴均为对数坐标(以 10 为底)
[t,r]=cart2pol(x,y)	将笛卡儿(直角)坐标转换为极坐标
[x,y]=pol2cart(t,r)	将极坐标转换为笛卡儿坐标

【例 3.20】坐标参数设置实例。对于函数 $y = \cos(2x)\cos^2(x)$,观察以下几种绘图格式。

```
clear;x = 0:.16:2 * pi;y = cos(2 * x). * (cos(x).^2);
subplot(3,3,1);plot(x,y);title('原图形');
subplot(3,3,2);plot(x,y);title('axis - equal');axis equal;grid on;
subplot(3,3,3);plot(x,y);title('axis - square');axis square;grid on;
subplot(3,3,4);plot(x,y);title('axis - off');axis off;grid on;
subplot(3,3,5);plot(x,y);title('grid - minor');grid minor;
subplot(3,3,6);semilogx(x,y);title('X 半对数曲线');grid on;axis square;
subplot(3,3,7);semilogy(x,y);title('Y 半对数曲线');grid on;axis square;
subplot(3,3,8);loglog(x,y);title('XY 双对数曲线');grid on;axis square;
subplot(3,3,9);plot(x,y);set(gca,'XTick',[0 2 4 6 8])
```

绘制结果如图 3.24 所示。

3. 标示相关命令

常用的标示命令如表 3.4 所示。

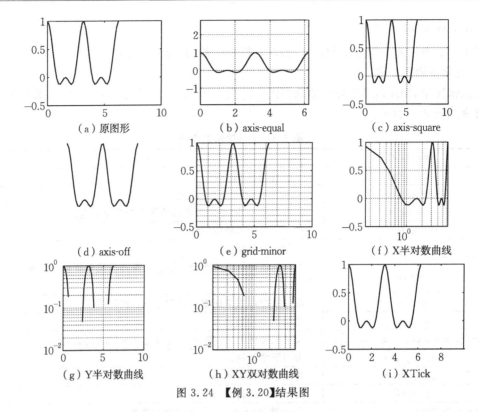

图 3.24 【例 3.20】结果图

表 3.4 标示相关命令

命令格式	说明
text(x,y,'string')	在坐标 (x,y) 处标示字符串 string
gtext('string')	该命令需要在图形绘制后执行,鼠标在图形中点击某一位置后在该位置标示字符串 string
title('string')	在图形上方显示图形的标题,该命令也需要在图形绘制后执行
xlabel、ylabel、zlabel	设置 x 轴、y 轴、z 轴的名称
legend('string1','string2',…,'stringn')	在屏幕上开启一个小视窗,然后依据绘图命令的先后次序,用对应的字符串区分图形上的线
legend off	从当前图中清除图例

4. 视点处理相关命令

从不同的视点观察物体,所看到的物体形状是不一样的。同样,从不同的视点绘制的图形,其形状也是不一样的。视点位置可由方位角和仰角表示。方位角又称旋转角,它是由视点与原点连线在 xy 平面上的投影与 y 轴负方向形成的角度,正值表示逆时针,负值表示顺时针。仰角又称为视角,它是视点和原点连线与 xy 平面的夹角,正值表示视点在 xy 平面上方,负值表示视点在 xy 平面下方。

MATLAB 中提供了设置视点的函数 view,其调用格式为:

```
view(az,el)
```

其中,az 为方位角,el 为仰角,它们均以度为单位。系统默认的视点定义为方位角 $-37.5°$,仰角 $30°$。

【**例** 3.21】视点处理函数 view 的使用实例。从不同的视点观察用命令 peaks 绘制出三维曲线。

程序代码如下：

```
subplot(2,2,1);
peaks;view([0 0]);
subplot(2,2,2);
peaks;view([0 60]);
subplot(2,2,3);
peaks;view([30 60]);
subplot(2,2,4);
peaks;view([60 90]);
```

输出图形如图 3.25 所示。

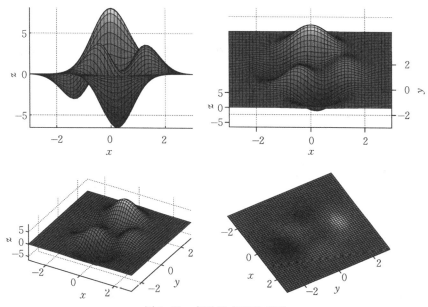

图 3.25　各种视点下的图形

5. 色彩处理相关命令

1) 颜色的向量表示

在 MATLAB 中可以用字符表示向量,也可以用向量表示颜色。字符分短字符和长字符,在前面的章节中已经接触了短字符的颜色表示,短字符实际上就是颜色的英文单词首字母或尾字母,那么不难猜想长字符就是颜色的单词。除字符以外,还可以用含有 3 个元素的向量来表示颜色,向量的 3 个元素分别表示红、绿、蓝 3 种颜色的相对亮度,称为 RGB 向量,[1 1 1] 表示白色,[0.5 0.5 0.5] 表示灰色。表 3.5 列出了常见颜色的 RGB 向量。

表 3.5　常见颜色的 RGB 向量

RGB	颜色	短字符	长字符	RGB	颜色	短字符	长字符
[0 0 1]	蓝色	b	blue	[0 0 0]	黑色	k	black
[0 1 0]	绿色	g	green	[1 1 1]	白色	w	white

RGB	颜色	短字符	长字符	RGB	颜色	短字符	长字符
[1 0 0]	红色	r	red	[0.5 0.5 0.5]	灰色		
[0 1 1]	青色	c	cyan	[0.67 0 1]	紫色		
[1 0 1]	品红色	m	magenta	[1 0.61 0.40]	铜色		
[1 1 0]	黄色	y	yellow	[0.49 1 0.83]	宝石蓝		

2）色图

MATLAB 提供了函数 colormap 来控制着色方式，其中的参数集合就是色图。色图以 $n \times 3$ 的数值矩阵表示，矩阵的每个行向量对应着某个 RGB 向量，色图保存着颜色从浓到淡或从一种颜色过渡到另一种颜色的所有中间颜色的值。colormap 函数可以用于改变或获得图像的色图，常见调用格式为：

```
colormap(map)
colormap map
cmap = colormap
```

其中，*map* 代表色图，*cmap* 代表所获得的当前图像的色图矩阵。表 3.6 列出了一些常用色图。

表 3.6　常用色图

色图	含义
hsv	红色—黄色—绿色—青色—洋红—红色
hot	黑色—红色—黄色—白色
cool	青色—洋红
pink	粉红的色度
copper	黑色—亮铜色
spring	洋红—黄色
summer	绿色—黄色
autumn	红色—橙色—黄色
winter	蓝色—绿色

3）三维表面图形的着色

MATLAB 提供了 shading 函数控制图形的表面着色方式。常见调用格式为：

```
shading option
```

其中，*option* 的取值有"faceted"（系统默认着色方式）、"flat"（对图形的每个网格片用同一个颜色进行着色）、"interp"（在每个网格片采用颜色插值处理）。

【例 3.22】色彩修饰实例。观察以下几种色彩修饰方式。

```
subplot(2,2,1);sphere;
xlabel('x');
ylabel('y');
zlabel('z');
set(gca,'Color',[0 0 0]);
map1 = subplot(2,2,2);sphere;
```

```
xlabel('x');
ylabel('y');
zlabel('z');
colormap(map1,hsv);
subplot(2,2,3);sphere;
xlabel('x');
ylabel('y');
zlabel('z');
shading interp;
map2 = subplot(2,2,4);sphere;
xlabel('x');
ylabel('y');
zlabel('z');
colormap(map2,hot);
```

输出图形如图 3.26 所示。

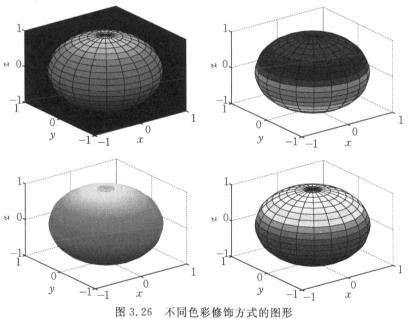

图 3.26　不同色彩修饰方式的图形

6. 图形保持或覆盖命令

常用的图形保持或覆盖命令如下。

(1)hold on:保留当前坐标轴和图形使其不被刷新,同时允许在这个坐标内绘制另外一个图形。

(2)hold off:使新图覆盖旧图。这也是默认的 hold 命令。

需要注意的是,hold 命令是一个交替转换命令,执行一次就转变一个状态。

第4章 线性代数

随着计算机技术的发展,线性代数的重要性日益凸显,其应用领域也越来越广,MATLAB更是为线性代数的应用提供了强大的支持。本章主要介绍 MATLAB 在线性代数运算中的基本应用。

4.1 矩阵的生成与基本运算

在前面的章节中已经介绍了如何创建矩阵,这一节就不再赘述。本节将介绍在 MATLAB 中生成特殊矩阵的命令。

4.1.1 特殊矩阵的生成

在数值计算的过程中,通常会用到一些特殊矩阵,如单位矩阵、对角矩阵和伴随矩阵等,还有某些特殊领域会用到诸如范德蒙德(Vandermonde)矩阵、希尔伯特(Hilbert)矩阵、特普利茨(Toeplitz)矩阵的特殊矩阵,MATLAB 中提供了一些用于生成这些特殊矩阵的函数命令。表 4.1 给出了常用特殊矩阵的生成命令格式及说明。

表 4.1 常用特殊矩阵生成命令

命令格式	说明
zeros(n,m)	生成 n 行 m 列的零矩阵
ones(n,m)	生成 n 行 m 列元素全为 1 的矩阵
eye(n)	生成 n 阶单位矩阵
rand(n,m)	生成 n 行 m 列均匀分布的随机矩阵,每个元素都在区间(0,1)内
randn(n,m)	生成 n 行 m 列从正态分布中得到的随机矩阵
diag(A,k)	提取矩阵 $\boldsymbol{A}$ 上第 k 条对角线上的元素(主对角线为第 0 条对角线,与主对角线平行往上为第 1 条,……,第 n 条;往下为第 -1 条,……,第 $-n$ 条对角线)
orth(A)	生成矩阵 $\boldsymbol{A}$ 的正交矩阵
repmat(A,n)	生成以 n 行 n 列的 A 矩阵块组成的矩阵
magic(n)	生成 n 阶魔方矩阵(每行、每列及对角线上的元素之和相等)
compan(u)	已知 n 阶多项式系数向量 u,生成 n 阶的伴随矩阵
vander(v)	生成以向量 v 为基础向量的范德蒙德矩阵
hilb(n)	返回 n 阶希尔伯特矩阵
invhilb(n)	返回 n 阶希尔伯特矩阵的逆矩阵
toeplitz(x,y)	返回一个以 x 为第一列、y 为第一行的特普利茨矩阵(除第一行和第一列外,其他每个元素都与左上角的元素相同),x 和 y 的第一个元素应相等,否则会进行强制转换
pascal(n)	返回一个 n 阶帕斯卡矩阵(由杨辉三角形表组成的矩阵)
[ ]	空矩阵

在 MATLAB 中定义[ ]为空矩阵。一个被赋予空矩阵的变量具有以下性质:
(1)在 MATLAB 工作内存中确实存在被赋空矩阵的变量。

（2）空矩阵中不包含任何元素，它的阶数是 0×0。

（3）空矩阵可以在 MATLAB 的运算中传递。

（4）可以用 clear 从内存中清除空矩阵变量。

特别注意的是,空矩阵不是"0",也不是"不存在"。它可以用来使矩阵按照要求进行缩维。

```
>> a = [1:18];     % 创建一个从 1 到 18 且步长为 1 的行向量
>> a = reshape(a,3,6)     % 把 a 向量重排列为 3 行 6 列的矩阵
a =
     1     4     7    10    13    16
     2     5     8    11    14    17
     3     6     9    12    15    18
>> a1 = a(:,[1 3 4 5])     % 提取第 1、3、4、5 列
a1 =
     1     7    10    13
     2     8    11    14
     3     9    12    15
>> a(:,[2 6]) = []     % 令第 2、6 列为空
a =
     1     7    10    13
     2     8    11    14
     3     9    12    15
```

可见用空矩阵缩维后的 *a* 矩阵与用坐标标识所得的 *a*1 矩阵相同。

4.1.2　矩阵的基本运算与变换

前面的章节中对矩阵的运算符做了简单介绍,本节在总结基础运算符的基础上还将介绍更多处理和计算矩阵的命令,如矩阵的行列式计算、求逆、求秩、求范数等。命令如表 4.2 所示。

表 4.2　常用矩阵处理命令

命令格式	说明	命令格式	说明
+、−、*	矩阵的加、减、乘	\、/	矩阵的左除、右除
^	矩阵的幂乘	A'	若 **A** 是实矩阵则进行转置;若 **A** 是复矩阵则进行共轭转置
A.'	对矩阵 **A** 进行转置	det(A)	求方阵 **A** 的行列式
rank(A)	求矩阵 **A** 的秩	trace(A)	求方阵 **A** 的迹
inv(A)	求矩阵 **A** 的逆	pinv(A)	求矩阵 **A** 的伪逆
norm(A)	求矩阵 **A** 的范数	abs(A)	求矩阵 **A** 中各元素的模
diag(A)	求矩阵 **A** 的对角向量	nnz(A)	求矩阵中非零元个数
flipud(A)	将矩阵 **A** 进行上下翻转	fliplr(A)	将矩阵 **A** 左右翻转
flipdim(A,1)	按行方向翻转,第二个参数取 2 时按列方向翻转	conj(A)	得到矩阵 **A** 的共轭矩阵
rot90(A)	将矩阵 **A** 逆时针旋转 90°	reshape(A,[n,m])	将多维矩阵 **A** 重新排列为 n 行 m 列矩阵
sum(A)	对矩阵 **A** 按列求和	sum(A,2)	对矩阵 **A** 按行求和
triu(A)	提取矩阵 **A** 的上三角元素形成新的矩阵	tril(A)	提取矩阵 **A** 的下三角元素形成新的矩阵

【例 4.1】 求下面矩阵 A 的逆矩阵。

$$A = \begin{bmatrix} 2 & 1 & -3 & -1 \\ 3 & 1 & 0 & 7 \\ -1 & 2 & 4 & -2 \\ 1 & 0 & -1 & 5 \end{bmatrix}$$

```
>> a=[2 1 -3 -1;3 1 0 7;-1 2 4 -2;1 0 -1 5];
>> inv(a)
ans =
  -0.047 1    0.588 2   -0.270 6   -0.941 2
   0.388 2   -0.352 9    0.482 4    0.764 7
  -0.223 5    0.294 1   -0.035 3   -0.470 6
  -0.035 3   -0.058 8    0.047 1    0.294 1
```

4.2　矩阵基本分析

4.2.1　矩阵基本变换

在 MATLAB 中对于矩阵的基本变换提供了转置、对称变换、旋转和提取三角矩阵等函数。

【例 4.2】 求矩阵的转置和共轭转置并把共轭矩阵逆时针旋转 $180°$。

```
>> x1=[1+2*i 3+4*i;5+9*i 2+8*i;4*i 3+5*i];
>> x1'%复数的共轭转置
ans =
  1.000 0 - 2.000 0i   5.000 0 - 9.000 0i   0.000 0 - 4.000 0i
  3.000 0 - 4.000 0i   2.000 0 - 8.000 0i   3.000 0 - 5.000 0i
>> x1.'%复数的非共轭转置
ans =
  1.000 0 + 2.000 0i   5.000 0 + 9.000 0i   0.000 0 + 4.000 0i
  3.000 0 + 4.000 0i   2.000 0 + 8.000 0i   3.000 0 + 5.000 0i
>> rot90(x1.',2)%逆时针旋转2*90°,rot90()中的第二个参数数字k表示逆时针旋转k*90°
ans =
  3.000 0 + 5.000 0i   2.000 0 + 8.000 0i   3.000 0 + 4.000 0i
  0.000 0 + 4.000 0i   5.000 0 + 9.000 0i   1.000 0 + 2.000 0i
```

4.2.2　逆矩阵与广义逆矩阵

若 A 为非奇异矩阵则我们称 A 为可逆的,此时存在 $AB = BA = E$,B 为 A 的逆矩阵。但是若 A 为奇异矩阵,此时我们要引入广义逆矩阵。若 A 是奇异矩阵或长方矩阵,$Ax = B$ 可能无解或有很多解。若有解,则解为 $x = XB + (E - XA)y$,其中 y 是维数与 A 的列数相同的任意向量,X 是满足 $AXA = A$ 的任何一个矩阵,通常称 X 为 A 的广义逆矩阵,用 A^g、A^- 或 A^1 等符号表示,有时简称为广义逆。当 A 非奇异时,A^{-1} 也满足 $AA^{-1}A = A$,并且 $x = A^{-1}B +$

$(E-A^{-1}A)y=A^{-1}B$。故非异矩阵的广义逆矩阵就是它的逆矩阵,说明广义逆矩阵是通常逆矩阵概念的推广。存在一个唯一的矩阵 M 使得下面三个条件同时成立:

(1) $AMA=A$。

(2) $MAM=M$。

(3) AM 与 MA 均为对称矩阵。

这样的矩阵 M 称为矩阵 A 的摩尔-彭罗斯(Moore-Penrose)广义逆矩阵,记作 $M=A^{+}$。

【例 4.3】矩阵求逆。

```
>> a = magic(4)    % 生成 4 阶魔方矩阵
a =
    16     2     3    13
     5    11    10     8
     9     7     6    12
     4    14    15     1
>> inv(a)    % 常规方法求逆
警告:矩阵接近奇异值,或者缩放错误。结果可能不准确。RCOND = 4.625 929e - 18。
ans =
  1.0e + 15 *
  - 0.264 9   - 0.794 8     0.794 8     0.264 9
  - 0.794 8   - 2.384 3     2.384 3     0.794 8
    0.794 8     2.384 3   - 2.384 3   - 0.794 8
    0.264 9     0.794 8   - 0.794 8   - 0.264 9
>> pinv(a)
ans =
    0.101 1   - 0.073 9   - 0.061 4     0.063 6
  - 0.036 4     0.038 6     0.026 1     0.001 1
    0.013 6   - 0.011 4   - 0.023 9     0.051 1
  - 0.048 9     0.076 1     0.088 6   - 0.086 4
>> b = a * [1 1 1 1]';
>> inv(a) * b
警告:矩阵接近奇异值,或者缩放错误。结果可能不准确。RCOND = 4.625 929e - 18。
ans =
    1.937 5
    1.750 0
    6.750 0
    1.062 5
>> pinv(a) * b
ans =
    1.000 0
    1.000 0
    1.000 0
    1.000 0
```

4.3　矩阵分解

4.3.1　LU 分解

LU 分解又称三角分解,它将一个矩阵分解成一个下三角矩阵 L 和一个上三角矩阵 U 的乘积,有时是 L、U 和一个置换矩阵的乘积,其中 L 和 U 可分别写为

$$L = \begin{bmatrix} 1 & & & \\ l_{21} & 1 & & \\ \vdots & \vdots & \ddots & \\ l_{n1} & l_{n2} & \cdots & 1 \end{bmatrix}, \quad U = \begin{bmatrix} u_{11} & u_{12} & \cdots & u_{1n} \\ & u_{22} & \cdots & u_{2n} \\ & & \ddots & \vdots \\ & & & u_{nn} \end{bmatrix}$$

在 MATLAB 中,给出了基于主元素的矩阵 LU 分解函数 lu(),其常见调用格式如下:

```
[L,U] = lu(A)
```

对矩阵 A 进行 LU 分解,其中 L 为下三角矩阵,U 为上三角矩阵。

```
[L,U,P] = lu(A)
```

L 为下三角矩阵,U 为上三角矩阵,P 为置换矩阵,$A = P^{-1}LU$。

【例 4.4】对如下矩阵进行 LU 分解。

```
>> a = [1 2 3;2 4 1;4 6 7];
>> [l,u] = lu(a)
l =
    0.250 0    0.500 0    1.000 0
    0.500 0    1.000 0    0
    1.000 0    0          0
u =
    4.000 0    6.000 0    7.000 0
    0          1.000 0    -2.500 0
    0          0          2.500 0
```

可以看见 L 不是下三角矩阵,这主要因为还有一个置换矩阵,导致 $A = LU$ 而此时 L 不一定是下三角矩阵。如果把置换矩阵考虑在内,那么 L 就是下三角矩阵了,U 是上三角矩阵,代码如下:

```
>> a = [1 2 3;2 4 1;4 6 7];
>> [l,u,p] = lu(a)
l =
    1.0000     0          0
    0.5000     1.0000     0
    0.2500     0.5000     1.0000
u =
    4.0000     6.0000     7.0000
    0          1.0000     -2.5000
    0          0          2.5000
```

```
p =
   0    0    1
   0    1    0
   1    0    0
```

4.3.2　楚列斯基分解

对于正定对称的矩阵,除了可用 LU 分解以外,还有更高效的楚列斯基(Cholesky)分解算法,分解形式为

$$
A = R^{\mathrm{T}}R = \begin{bmatrix} r_{11} & & & \\ r_{21} & r_{22} & & \\ \vdots & \vdots & \ddots & \\ r_{n1} & r_{n2} & \cdots & r_{nn} \end{bmatrix} \begin{bmatrix} r_{11} & r_{21} & \cdots & r_{n1} \\ & r_{22} & \cdots & r_{n2} \\ & & \ddots & \vdots \\ & & & r_{nn} \end{bmatrix}
$$

MATLAB 提供了 chol() 函数对矩阵进行楚列斯基分解,函数的常见调用形式为:

```
R = chol(A)
```

其中,R 是一个上三角矩阵,满足 $R^{\mathrm{T}}R = A$,若 A 非对称正定,则会输出错误信息。

```
X = chol(A,option)
```

若参数 option 为 lower,则返回的 X 为下三角矩阵;若参数 option 为 upper,则返回的 X 为上三角矩阵。

```
[R,p] = chol(A)
```

若 A 是对称正定矩阵,则 $p = 0$,R 与第一个调用形式所得结果相同;否则 p 是一个正整数。若 A 是满秩矩阵,则 R 为一个阶数为 $p-1$ 的上三角矩阵,满足 $R^{\mathrm{T}}R = A(1:p-1,1:p-1)$。

【例 4.5】对如下矩阵进行楚列斯基(Cholesky)分解。

$$
A = \begin{bmatrix} 4 & -1 & 1 \\ -1 & 4.25 & 2.75 \\ 1 & 2.75 & 3.5 \end{bmatrix}
$$

```
>> a = [4 -1 1; -1 4.25 2.75; 1 2.75 3.5];
>> chol(a)
ans =
    2.000 0    -0.500 0    0.500 0
    0           2.000 0    1.500 0
    0           0          1.000 0
```

4.3.3　QR 分解

对于实非奇异矩阵,都可以分解为正交矩阵 Q 和上三角矩阵 R 的乘积,这种分解称为 QR 分解或正交分解。QR 分解在解决最小二乘、特征值计算等问题的应用中占据重要地位,MATLAB 提供了 qr() 函数用于实现矩阵的 QR 分解,其常见调用格式为:

```
[Q,R] = qr(A)
```

对 $\boldsymbol{A}$ 进行正交分解,返回的 $\boldsymbol{Q}$ 为正交矩阵,$\boldsymbol{R}$ 为上三角矩阵,满足 $\boldsymbol{A}=\boldsymbol{QR}$。

```
[Q,R,E] = qr(A)
```

对 $\boldsymbol{A}$ 进行正交分解,返回的 $\boldsymbol{Q}$ 为正交矩阵,$\boldsymbol{R}$ 为上三角矩阵,$\boldsymbol{E}$ 为置换矩阵,满足 $\boldsymbol{AE}=\boldsymbol{QR}$。

```
[Q,R] = qr(A,0)
```

对 $\boldsymbol{A}$ 进行经济型分解。

```
[Q,R,E] = qr(A,0)
```

对 $\boldsymbol{A}$ 进行经济型分解,返回的 $\boldsymbol{Q}$ 为正交矩阵,$\boldsymbol{R}$ 为上三角矩阵,$\boldsymbol{E}$ 为置换矩阵,满足 $\boldsymbol{AE}=\boldsymbol{QR}$。

【例 4.6】对如下矩阵进行 QR 分解。

$$\boldsymbol{A}=\begin{bmatrix}1 & 1 & 1\\2 & -1 & -1\\2 & -4 & 5\end{bmatrix}$$

```
>> a=[1 1 1;2 -1 -1;2 -4 5];
>> [q,r] = qr(a)
q =
  -0.3333   -0.6667   -0.6667
  -0.6667   -0.3333    0.6667
  -0.6667    0.6667   -0.3333
r =
   -3        3       -3
    0       -3        3
    0        0       -3
```

4.3.4　X 奇异值分解

在很多应用问题上,通常需要确定矩阵的秩。对这个问题一般的考虑是使用高斯消元法将矩阵转化为行阶梯形然后计算非零行的个数。然而,在给定的有限位精度算法中,由于消元过程中会产生舍入误差,导致产生的行阶梯形不一定有准确的非零行数。因此,更为可行的是考虑矩阵和一个亏秩矩阵的接近程度,奇异值分解在这个过程中扮演着重要角色。

假设矩阵 $\boldsymbol{X}$ 为 $m\times n$ 的矩阵,通过奇异值分解可将 $\boldsymbol{X}$ 分解为一个乘积 $\boldsymbol{USV}^{\mathrm{T}}$ 的矩阵,其中 $\boldsymbol{U}$ 是一个 $m\times m$ 的正交矩阵,$\boldsymbol{V}$ 是一个 $n\times n$ 的正交矩阵,$\boldsymbol{S}$ 是一个 $m\times n$ 的对角矩阵,其对角线外所有元素为 0,而且对角线元素满足

$$\sigma_1\geqslant\sigma_2\geqslant\cdots\geqslant\sigma_{\min\{n,m\}}\geqslant0$$

$$\boldsymbol{S}=\begin{bmatrix}\sigma_1 & 0 & \cdots & 0\\0 & \sigma_2 & \cdots & \cdots\\\cdots & \cdots & \ddots & 0\\0 & 0 & \cdots & \sigma_n\\\cdots & \cdots & \cdots & \cdots\\0 & 0 & 0 & 0\end{bmatrix}_{m\times n}$$

其中，σ_i 就是矩阵 X 的奇异值，可以证明 rank(X) 等于非零奇异值的个数，此处省略。
MATLAB 给出了 svd 函数用于奇异值分解，常见调用格式如下：

```
S = svd(X)
```

只返回 X 的奇异值矩阵 S。

```
[U,S,V] = svd(X)
```

返回的 U 和 V 是正交矩阵，满足 $X = USV^T$。

```
[U,S,V] = svd(X,0)
```

如果 X 是 $m \times n$（$m > n$）的矩阵，只计算出 U 的 n 列和 $n \times n$ 的奇异值矩阵 S。

【例 4.7】对矩阵 $\begin{bmatrix} 1 \\ 1 \end{bmatrix}$ 进行奇异值分解。

```
>> a = [1;1];
>> [U,S,V] = svd(a)
U =
    0.707 1    - 0.707 1
    0.707 1      0.707 1
S =
    1.414 2
         0
V =
    1
```

4.3.5　舒尔分解

舒尔(Schur)分解是一种典型的酉相似变换，这种变换因为其能够保持数值稳定的特点而在工程应用中起着重要作用。舒尔分解定理表明，如果 A 是 n 阶复数方阵，则存在 n 阶酉矩阵 Q 和上三角矩阵 T，使得 $A = QTQ^{-1}$。MATLAB 中提供了 schur 函数用以实现矩阵的舒尔分解，函数的常见调用格式如下：

```
T = schur(A)
```

只返回上三角矩阵 T。

```
[Q,T] = schur(A)
```

返回酉矩阵 Q 和上三角矩阵 T。

```
T = schur(A,flag)
```

若 A 有复数特征值，则参数 flag 取 complex；否则参数 flag 取 real。

4.3.6　海森伯格分解

海森伯格(Hessenberg)矩阵是一种与三角矩阵很相似的特殊方阵，一个上海森伯格矩阵的次对角元素以下的所有元素都为 0，一个下海森伯格矩阵的次对角元素以上的所有元素都为 0。在工程计算中，将矩阵化为海森伯格矩阵来处理计算问题能大大减少计算量，

MATLAB 提供了 hess 函数来实现海森伯格分解。其常见调用格式如下：

```
H = hess(A)
```

返回矩阵 A 的上海森伯格矩阵。

```
[P,H] = hess(A)
```

返回一个酉矩阵 P 和一个上海森伯格矩阵 H，满足 $A = PHP^{\mathrm{T}}$。

4.3.7　特征分解

假设 A 是一个 $n \times n$ 矩阵，如果存在一个非零向量 x 使得 $Ax = \lambda x$，则称标量 λ 为矩阵 A 的特征值，称向量 x 为矩阵 A 对应于 λ 的特征向量。而特征分解即是将矩阵分解成由其特征值和特征向量所表示的矩阵的乘积，它在工程应用中有重要地位。特征分解一般写为 $AV = VD$ 或 $A = VDV^{-1}$，其中 $V = [x_1, \cdots, x_n]$，$D = \mathrm{diag}(\lambda_i)$。MATLAB 提供了 eig 函数对矩阵进行特征分解，函数的常见调用形式如下：

```
E = eig(A)
```

以向量 E 的形式返回方阵 A 的全部特征值。

```
E = eig(A,B)
```

返回由 A 和 B 的广义特征值构成的列向量 E。

```
[V,D] = eig(A)
```

返回方阵 A 的特征值构成的对角矩阵 D 和特征向量矩阵 V。

```
[V,D] = eig(A,B)
```

返回由 A 和 B 的广义特征值构成的对角矩阵 D 和特征向量 V，且 $AV = BVD$。

【例 4.8】矩阵特征值的分解演示。

单矩阵特征值的分解：

```
>> a = [-149 -50 -154;537 180 546; -27 -9 -25];
>> [v,d] = eig(a)
v =
    0.316 2   -0.404 1   -0.139 1
   -0.948 7    0.909 1    0.974 0
   -0.000 0    0.101 0   -0.178 9
d =
    1.000 0        0          0
        0      2.000 0        0
        0          0      3.000 0
```

双矩阵的广义特征值分解：

```
>> b = [2 10 2;10 5 -8;2 -8 11];
>> [v,d] = eig(a,b)
v =
   -1.000 0   -0.330 5   -0.020 2
    0.420 4    1.000 0   -1.000 0
    0.553 6   -0.004 6    0.348 5
```

```
d =
    12.903 0    0          0
    0         − 0.004 5    0
    0          0          0.070 6
```

4.4　线性方程组的求解

求解线性方程组是数学中的经典问题,很多科学研究和工程应用中的数学问题都会涉及线性方程组的求解。线性方程组可分为齐次线性方程组和非齐次线性方程组,对线性方程组进行求解时,要视具体情况采取有效率的解法。

4.4.1　左除法与求逆法求解线性方程组

已知线性方程组可以用矩阵的形式表示成 $AX = B$,其中,A 为由方程等式左边的系数项组成的系数矩阵,X 为由待求解的未知项组成的矩阵,B 为由方程等式右边的已知常数项组成的矩阵,那么由矩阵运算的法则,有 $X = A^{-1}B$,利用 MATLAB 的运算符及内置函数,则 X 可以表示为

$$X = A \backslash B = \text{inv}(A)B$$

同理,若方程被表示为 $XA = B$,则有

$$X = BA^{-1} = B/A = B\,\text{inv}(A)$$

4.4.2　利用 linsolve 函数求线性方程组

在 Sysbolic 工具箱中提供了线性方程组的符号求解函数 linsolve,使用的方法为

$$X = \text{linsolve}(A, B)$$
$$X = \text{linsolve}(A, B, opts)$$

当 A 为方阵时,$X = \text{linsolve}(A, B)$ 将使用 LU 分解与部分主元素消元法来对线性方程组 $AX = B$ 求解,否则将使用 QR 分解与列主元素消元法。A 的行数必须等于 B 的行数。如果 A 为 $m \times n$ 的矩阵,B 为 $m \times k$ 的矩阵,则 X 是 $n \times k$ 的矩阵。如果 A 是方阵并且是病态的,或者如果它不是方阵且秩亏,则"linsolve"将返回一条警告。 如果 A 是方阵,$[X, R] = \text{linsolve}(A, B)$ 禁止显示这些警告并返回 R,后者是 A 的条件数的倒数,如果 A 不是方阵,则返回 A 的秩。

$X = \text{linsolve}(A, B, opts)$ 会根据在 $opts$ 中指定的矩阵 A 的属性使用最适合的求解器对线性方程组 $AX = B$ 或 $A'X = B$ 求解。 例如,如果 A 为上三角矩阵,则可以设置"opts.UT = true"以使"linsolve"成为上三角矩阵设计的求解器。如果 A 具有结构体 $opts$ 中的属性,则"linsolve"的速度快于"mldivide",因为"linsolve"不执行任何测试以验证 A 是否具有指定的属性。

表 4.3 中列出了 $opts$ 结构体的所有字段及其对应的矩阵属性。$opts$ 的字段值必须为逻辑类型(logical),并且所有字段的默认值为 false。

表 4.3　矩阵字段名称及其属性

字段名称	矩阵属性
LT	下三角矩阵
UT	上三角矩阵
UHESS	上海森伯格（Hessenberg）矩阵
SYM	实对称矩阵或复数埃尔米特（Hermite）矩阵
POSDEF	正定矩阵
RECT	一般矩形
TRANSA	共轭转置（指定函数是对 $AX = B$ 还是 $A'X = B$ 求解）

4.4.3　分解法求解线性方程组

前面已经介绍了几种矩阵分解，其中一些分解常被用于求解线性方程组，下面举例说明。

1. LU 分解法求解线性方程组

对于线性方程组 $AX = b$，若矩阵 A 可逆，则有 $X = A^{-1}b = A \backslash b$，如果对矩阵 A 进行三角分解 $A = LU$，则有 $X = U^{-1}L^{-1}b = U \backslash (L \backslash b)$。若对 A 进行 $A = P^{-1}LU$ 分解，则有 $X = U^{-1}L^{-1}Pb = U \backslash (L \backslash (P * b))$。

【例 4.9】

```
>> A = [2 1 5; 4 1 12; -2 -4 5];
>> b = [11 27 12]';
>> [L,U] = lu(A);
>> [N,~] = size(A);
>> Y = zeros(N,1);
>> Y(1) = b(1);
>> for k = 2:N
     sum = 0;
     for j = 1:(k - 1)
         sum = sum + L(k,j) * Y(j);
     end
     Y(k) = b(k) - sum;
end
>> X = zeros(N,1);
>> X(N) = Y(N)/U(N,N);
>> disp(X);
>> A
A =
    2    1    5
    4    1   12
   -2   -4    5
>> [L,U] = lu(A)
L =
    1    0    0
    2    1    0
   -1    3    1
```

```
U =
     2      1      5
     0    - 1      2
     0      0      4
>>L * U    %L * U = = A
ans =
     2      1      5
     4      1     12
   - 2    - 4      5
>>b
b =
    11
    27
    12
>>  LU_Run
x =
     1
   - 1
     2
>>A * X    %A * X = = b
ans =
    11
    27
    12
```

2. 楚列斯基分解法求解线性方程组

我们知道正定对称的矩阵除了可用 LU 分解以外还可用更高效的楚列斯基(Cholesky)分解。若线性方程组的系数矩阵 A 正定对称,对 A 进行楚列斯基分解得 $A = R^T R$,所以线性方程组 $AX = b$ 的解集可表示为 $X = R^{-1}(R^T)^{-1}b = R \backslash (R^T \backslash b)$。

3. QR 分解法求解线性方程组

若线性方程组 $AX = b$ 的系数矩阵 A 是实数非奇异的,即可对 A 进行 QR 分解,则可用 QR 分解法求解线性方程组。若将 A 分解得 $A = QR$,则 $X = R^{-1}Q^{-1}b = R \backslash (Q \backslash b)$。

4. 奇异值分解法求解线性方程组

前面已经介绍了奇异值分解,若对线性方程组 $AX = b$ 的系数矩阵 A 进行奇异值分解,得到 $A = USV^T$ 的形式,则可解得方程组的解 $X = (V^T)^{-1}S^{-1}U^{-1}b = V^T \backslash (S \backslash (U \backslash b))$。

4.4.4　迭代法求解线性方程组

迭代法也是计算机求解中常用的基本方法,在求解线性方程组中,常会用到雅可比(Jacobi)迭代法、高斯-赛德尔(Gauss-Seidel)迭代法和超松弛(successive overrelaxation,SOR)迭代法。

1. 雅可比迭代法

对于线性方程组 $AX = b$,其中

$$A = \begin{bmatrix} a_{11} & a_{12} & \cdots & a_{1n} \\ a_{21} & a_{22} & \cdots & a_{2n} \\ \vdots & \vdots & & \vdots \\ a_{n1} & a_{n2} & \cdots & a_{nn} \end{bmatrix}, \quad b = \begin{bmatrix} b_1 \\ b_2 \\ \vdots \\ b_n \end{bmatrix}, \quad X = \begin{bmatrix} x_1 \\ x_2 \\ \vdots \\ x_n \end{bmatrix}$$

若 A 为非奇异方阵,则可对 A 进行如下分解

$$A = \begin{bmatrix} a_{11} & 0 & \cdots & 0 \\ 0 & a_{22} & \cdots & 0 \\ \vdots & \vdots & & \vdots \\ 0 & 0 & \cdots & a_{nn} \end{bmatrix} - \begin{bmatrix} 0 & \cdots & 0 & 0 \\ -a_{21} & \cdots & 0 & 0 \\ \vdots & & \vdots & \vdots \\ -a_{n1} & \cdots & -a_{n,n-1} & 0 \end{bmatrix} - \begin{bmatrix} 0 & -a_{12} & \cdots & -a_{1n} \\ 0 & 0 & \cdots & -a_{2n} \\ \vdots & \vdots & & \vdots \\ 0 & 0 & \cdots & 0 \end{bmatrix}$$

$$= D - L - U$$

于是 $AX = b$ 可转化为 $(D - L - U)X = b$,整理得

$$DX = (L + U)X + b$$

在 A 非奇异的条件下,D^{-1} 存在且有

$$D^{-1} = \begin{bmatrix} \dfrac{1}{a_{11}} & 0 & \cdots & 0 \\ 0 & \dfrac{1}{a_{22}} & \cdots & 0 \\ \vdots & \vdots & & \vdots \\ 0 & 0 & \cdots & \dfrac{1}{a_{nn}} \end{bmatrix}$$

于是得到 $X = D^{-1}(L + U)X + D^{-1}b$。对应的迭代公式就是雅可比迭代公式,公式如下

$$X^{(k+1)} = D^{-1}(L + U)X^{(k)} + D^{-1}b$$

在 A 具有严格对角优势的情况下,$AX = b$ 有唯一解,所以不管初始向量 $X^{(0)}$ 为多少,经过一定的迭代次数后 $X^{(k+1)}$ 会收敛于方程组的解。

MATLAB 没有提供雅可比迭代法的内置函数,使用时需要自己编写,下面给出一种实现代码:

```
function result = jacobi(A,b,x0)
% 参数 A:线性方程组的系数矩阵
% 参数 b:线性方程组等号右边的常数组成的矩阵
% 参数 x0:初始向量
D = diag(diag(A));
U = triu(A,1);
L = tril(A, -1);
B = -D\(L + U);
f = D\b;
result = B * x0 + f;
n = 1;
while norm(result - x0) >= 1.0e - 6&n <= 1000
        x0 = result;
        result = B * x0 + f;
        n = n + 1;
end
```

```
disp('方程组的解')
result
disp('迭代次数')
n
end
```

2. 高斯-赛德尔迭代法

雅可比行列式固然可以解决问题,但通过改进可以使收敛的速度加快,高斯-赛德尔迭代法就是一种改进,下面举例说明。

给定线性方程组如下

$$4x - y + z = 7$$
$$4x - 8y + z = -21$$
$$-2x + y + 5z = 15$$

以高斯-赛德尔迭代求解,即

$$x_{k+1} = \frac{7 + y_k - z_k}{4}$$

$$y_{k+1} = \frac{21 + 4x_{k+1} + z_k}{8}$$

$$z_{k+1} = \frac{15 + 2x_{k+1} - y_{k+1}}{5}$$

假设从(1,2,3)开始迭代,则上式中的迭代将收敛于(2,4,3),代码如下:

```
A = [4, -1,1;4, -8,1; -2,1,5];
b = [7; -21;15];
x0 = [1;2;3];
gauseidel(A,b,x0)
```

高斯-赛德尔迭代法一般化的矩阵表示形式为

$$\boldsymbol{X}^{(k+1)} = (\boldsymbol{D} - \boldsymbol{L})^{-1}\boldsymbol{U}\boldsymbol{X}^k + (\boldsymbol{D} - \boldsymbol{L})^{-1}\boldsymbol{b}$$

式中,$\boldsymbol{D}$、$\boldsymbol{L}$、$\boldsymbol{U}$、$\boldsymbol{b}$ 等符号意义同前述雅可比迭代法中一样。

其中,高斯-赛德尔迭代法的 MATLAB 实现代码如下:

```
function [y,n] = gauseidel(A,b,x0,eps)
% 参数 A:线性方程组的系数矩阵
% 参数 b:线性方程组等号右边的常数组成的矩阵
% 参数 x0:初始向量
% 参数 eps:精度,默认是 1.0e - 6
if nargin == 3
    eps = 1.0e - 6;
elseif nargin<3
    return
end
D = diag(diag(A));
L = - tril(A, -1);
U = - triu(A,1);
G = (D - L)\U;
f = (D - L)\b;
```

```
y = G * x0 + f;
n = 1;
while norm(y - x0) > = eps & n< = 1000
    x0 = y;
    y = G * x0 + f;
    n = n + 1;
end
end
```

需注意,高斯-赛德尔迭代法只有在 **A** 具有严格对角优势时才会收敛。

3. 超松弛(SOR)迭代法

超松弛迭代法也是常用的迭代法之一,它可以看作是高斯-赛德尔迭代法和原始向量的组合。其主要思路如下:

矩阵 **A** 同样分解为 **A = D - L - U**,如果取

$$M = \frac{1}{w}D - L$$

$$N = M - A = \frac{1-w}{w}D + U$$

则迭代格式为

$$x = (D - wL)^{-1}((1-w)D + wU)x + w(D - wL)^{-1}b$$

当 $w = 1$ 时,就是高斯-赛德尔迭代法。

SOR 的一种 MATLAB 实现代码如下:

```
function [x,n] = SOR(A,b,x0,w,eps,M)
% 参数 A:线性方程组的系数矩阵
% 参数 b:线性方程组等号右边的常数组成的矩阵
% 参数 x0:初始向量
% 参数 eps:精度,默认是 1.0e - 6
% 参数 w:松弛因子
if nargin == 4
    eps = 1.0e - 6;
    M = 200;
elseif nargin< 4
    return
esleif nargin == 5
    M = 200;
end
if(w< = 0 | w> = 2)
    return;
end
D = diag(diag(A));
L = - tril(A, - 1);
U = - triu(A,1);
B = inv(D - L * w) * ((1 - w) * D + w * U);
f = w * inv((D - L * w)) * b;
```

```
x = B * x0 + f;
n = 1;
while norm(x - x0) > = eps
    x0 = x;
    x = B * x0 + f;
    n = n + 1;
    if(n > = M)
        disp;
        return;
    end
end
end
```

4.4.5　梯度法求解线性方程组

梯度法的基本思想是把求解线性方程组 $\boldsymbol{A}x = \boldsymbol{b}$ 转化为求解如下二次泛函数的极小值问题。

$$\min_{x \in \mathbf{R}^n} f(x)$$

其中，$f(x) = \dfrac{1}{2}\boldsymbol{x}^{\mathrm{T}}\boldsymbol{A}\boldsymbol{x} - \boldsymbol{b}^{\mathrm{T}}\boldsymbol{x}$。问题转化为该极小值的极小解问题。

梯度法的思想是：沿着目标函数在当前迭代点处的最速下降方向即负梯度方向进行一维搜索，从而得到新的迭代点。当目标函数在迭代点处的梯度与零向量接近到一定程度时，该点可作为该极小值问题的近似最优解。

梯度法求解线性方程组的一种 MATLAB 实现代码如下：

```
function [x,n] = gradient(A,b,x0,eps)
% 参数 A:线性方程组的系数矩阵
% 参数 b:线性方程组等号右边的常数组成的矩阵
% 参数 x0:初始向量
% 参数 eps:精度,默认是 1.0e-6
if(nargin = = 3)
    eps = 1.0e - 6;
end
r = b - A * x0;
d = dot(r,r)/dot(A * r,r);
x = x0 + d * r;
n = 1;
while(norm(x - x0) > eps)
    x0 = x;
    r = b - A * x0;
    d = dot(r,r)/dot(A * r,r);
    x = x0 + d * r;
    n = n + 1;
end
end
```

4.5 稀疏矩阵技术

对于一个用矩阵来描述的线性恰定方程来说，n 个未知数的问题就需要对一个 $n \times n$ 阶的矩阵进行操作。也就是说，对于一个拥有 100 MB 内存的计算机来说，也只能求解 10 000 个未知数的问题。这在实际的数值计算和工程应用中是远远不够的。在实际中所应用到的矩阵往往是从各种微分方程中离散出来的，通常大多数的矩阵元素为零，而只是某些对角线的元素有非零值。对于这种情况，MATLAB 提供了一种高级的存储方式，即稀疏矩阵方法。所谓的稀疏矩阵就是不存储矩阵中的零元素，而只对非零元素进行操作。这样就大大减少了存储空间和计算时间。这一点将在下面的例子中给予具体说明。

4.5.1 稀疏矩阵的建立

在 MATLAB 中，稀疏矩阵是要用特殊的命令创建的，在运算中，MATLAB 将对稀疏矩阵采取不同于满矩阵的算法进行各种计算。

用于创建稀疏矩阵的函数如表 4.4 所示。

表 4.4 创建稀疏矩阵的函数

函数名	功能	主要调用格式
sparse	通用稀疏矩阵函数	S＝sparse(i,j,s,m,n,nzmax)
spdiags	以对角带形成稀疏矩阵	A＝spdiags(B,d,m,n)
spconvert	从稀疏矩阵外部形式输入	S＝spconvert(D)
find	非零元素索引	[I,J,V]＝find(X)
speye	稀疏单位矩阵	speye(M,N)
sprand	稀疏的均匀分布随机矩阵	R＝sprand(m,n,density,rc)
sprandn	稀疏的正态分步随机矩阵	R＝sprandn(m,n,density,rc)
sprandsym	稀疏的对称随机矩阵	R＝sprandsym(n,denisity,rc,kind)
full	从稀疏矩阵转为满矩阵	A＝full(X)

这里将对几个常用的函数做重点介绍。

1. sparse

函数 sparse 的调用形式为：

```
>>S = sparse (X) %将稀疏矩阵或满矩阵转化为稀疏矩阵；
>>S = sparse (i, j, s, m, n, nzmax)  %生成的m×n阶的稀疏矩阵S在以向量i和j为坐标的位置
```
上的对应元素值为向量 s 的对应值。nzmax 为矩阵的维数。

对于此函数形式有以下的几个简化形式：

```
>>S = sparse(i, j, s, m, n,) %使用nzmax = length(s)。
>>S = sparse(i, j, s) %使用m = max(i)及n = max(j)。
>>S = sparse(m, n)  %是sparse([ ],[ ],[ ],m,n,0)的简化形式。
```

【例 4.10】建立如下形式的稀疏矩阵（以 n 等于 5 为例）。

$$A = \begin{bmatrix} 4 & 1 & & & \\ 1 & 4 & \ddots & & \\ & \ddots & \ddots & 1 & \\ & & 1 & 4 \end{bmatrix}_{n \times n}$$

在 MATLAB 命令窗口中输入:

```
>> n = 5;
>> a1 = sparse(1:n, 1:n, 4 * ones(1,n), n, n);
>> a2 = sparse(2:n, 1:n-1, ones(1, n-1), n, n);
>> a = a1 + a2 + a2'
a =
    (1,1)        4
    (2,1)        1
    (1,2)        1
    (2,2)        4
    (3,2)        1
    (2,3)        1
    (3,3)        4
    (4,3)        1
    (3,4)        1
    (4,4)        4
    (5,4)        1
    (4,5)        1
    (5,5)        4
>> full(a)    % 显示成满阵型
ans =
    4    1    0    0    0
    1    4    1    0    0
    0    1    4    1    0
    0    0    1    4    1
    0    0    0    1    4
```

2. spdiags

函数 spdiags 的调用形式为:

```
>> B = spdiags(A, d)    % 提取由 d 指定的对角矩阵。
>> A = spdiags(B, d, A)    % 用于 d 指定的 B 的列代替 A 的对角矩阵。输出为稀疏矩阵。
>> A = spdiags(B, d, m, n)    % 生成一 m×n 阶的稀疏矩阵 A,使得 B 的列放在由 d 指定的 A 中对角线
的位置。
```

【例 4.11】利用 spdiags 函数生成以下矩阵的稀疏矩阵。

$$A = \begin{bmatrix} 4 & 1 & & & \\ 1 & 4 & \ddots & & \\ & \ddots & \ddots & 1 & \\ & & 1 & 4 \end{bmatrix}_{n \times n}$$

```
b = spdiags([ones(n, 1), 4 * ones(n, 1), ones(n, 1)], [-1, 0, 1], n, n)
```

3．spconvert

对于无规律的稀疏矩阵，以上两个函数都将失效。此时需要使用由外部数据转化为稀疏矩阵的函数 spconvert。

函数 spconvert 的调用形式为：首先用 load 函数加载以行表示对应位置和元素值的 .dat 文本文件，再用函数 spconvert 转化为稀疏矩阵。

4.5.2　稀疏矩阵的运算

同满矩阵比较起来，稀疏矩阵在算法上有很大的不同。具体表现在存储空间减少，计算时间减少。

【例 4.12】比较求解下面方程组 $n=1\,000$ 时的两种方法的差别。

$$
\begin{bmatrix}
4 & 1 & & \\
1 & 4 & \ddots & \\
& \ddots & \ddots & 1 \\
& & 1 & 4
\end{bmatrix}_{n\times n}
\begin{bmatrix}
x_1 \\ x_2 \\ \vdots \\ x_n
\end{bmatrix}
=
\begin{bmatrix}
1 \\ 1 \\ \vdots \\ 1
\end{bmatrix}
$$

在 MATLAB 命令窗口中输入：

```
>> n = 1000;
>> a2 = sparse(2:n,1:n-1,ones(1,n-1),n,n);
>> a1 = sparse(1:n,1:n,4 * ones(1,n),n,n);
>> a = a1 + a2 + a2';
>> b = ones(n,1);
>> tic;x = a\b;t1 = toc
t1 =
    0.107 9
>> a = full(a);
>> tic;x = a\b;t2 = toc
t2 =
    15.657 4
```

可见两种方法计算所用的时间差别还是相当大的。

4.5.3　其他应用于稀疏矩阵的函数

其他应用于稀疏矩阵的函数如表 4.5 所示。

表 4.5　其他常用函数

函数名	功能	函数名	功能
nnz	非零矩阵元素数目	condest	1-范数条件数估计
nonzeros	返回非零矩阵元素	sprank	结构秩
nzmax	非零矩阵元素的内存分配	pcg	预处理共轭梯度法
spones	以 1 代替非零矩阵元素	bicg	双共轭梯度法
spalloc	稀疏矩阵的空间分配	bicgstab	双稳定共轭梯度法
issparse	判断稀疏矩阵	cgs	二次共轭梯度法

续表

函数名	功能	函数名	功能
spfun	非零矩阵元素的应用函数	gmres	广义最小残差法
spy	可视化稀疏图	qmr	准最小残差法
colmmd	列最小度排序算法	treelayout	展示树
symmmd	对称最小度排序法	treeplot	绘制树图
symrcm	对称反 Cuthill-Mckee 排列	etree	消去树
colperm	列排列	etreeplot	绘制消去树
randperm	随机排列	gplot	绘图(以图论)
dmperm	Dulmage-Mendelsohn 法排列	symbfact	符号因式分解分析
eigs	特征值	spparms	稀疏矩阵的参数设置
svds	奇异值	spaugment	形成最小二乘扩充系统
luinc	不完全 LU 分解	rjr	随机雅可比旋转
cholinc	不完全 Cholesky 分解	sparsfun	稀疏辅助函数
normest	矩阵二范数估计		

4.6　利用 MATLAB 求解线性规划问题

在生产实践中,人们经常会遇到如何利用现有资源来安排生产,以取得最大经济效益的问题。此类问题构成了运筹学的一个重要分支——数学规划,而线性规划(linear programming,LP)则是数学规划的一个重要分支。

MATLAB 中线性规划的标准型为

$$\text{目标函数}:\min_{x} c^{\mathrm{T}}x\,,\text{约束条件}:Ax \leqslant b$$

基本函数形式为"linprog(c,A,b)",它的返回值是向量 x 的值。还有其他的一些函数调用形式。在 MATLAB 指令窗运行 help linprog 可以看到所有的函数调用形式,例如:

```
[x, fval] = linprog(c,A,b,Aeq,beq,LB,UB,X0,OPTIONS)
```

其中,"fval"为返回目标函数的值;"Aeq"和"beq"对应等式约束"Aeq * x = beq";"LB"和"UB"分别是变量 x 的下界和上界;"X0"是 x 的初始值;"OPTIONS"是控制参数。

【例 4.13】求解线性规划问题。

$$\min z = 2x_1 + 3x_2 + x_3$$

$$\text{约束条件}\begin{cases} x_1 + 4x_2 + 2x_3 \geqslant 8 \\ 3x_1 + 2x_2 \geqslant 6 \\ x_1, x_2, x_3 \geqslant 0 \end{cases}$$

编写 MATLAB 程序如下:

```
c = [2; 3; 1];
a = [1, 4, 2; 3, 2, 0];
b = [8; 6];
[x, y] = linprog(c, - a, - b, [ ], [ ], zeros(3,1))
```

【例 4.14】求下面的优化问题。

$$\min z = -5x_1 - 4x_2 - 6x_3$$

$$\text{约束条件}\begin{cases} x_1 - x_2 + x_3 \leqslant 20 \\ 3x_1 + 2x_2 + 4x_3 \leqslant 42 \\ 3x_1 + 2x_2 \leqslant 30 \\ 0 \leqslant x_1, 0 \leqslant x_2, 0 \leqslant x_3 \end{cases}$$

编写 MATLAB 程序如下：

```
>> f = [ - 5; - 4; - 6];
>> A = [1 - 1 1;3 2 4; 3 2 0];
>> b = [20;42;30];
>> lb = zeros(3,1);
>> [x,fval,exitflag,output,lambda] = linprog(f,A,b,[],[],lb)
x =            % 最优解
    0.000 0
    15.000 0
3.0000
fval =         % 最优值
    - 78.000 0
exitflag =     % 收敛
    1
output =
    iterations: 6    % 迭代次数
        algorithm: 'interior - point - legacy'   % 所使用规则
        cgiterations: 0
lambda =
    ineqlin: [3 × 1 double]
      eqlin: [0 × 1 double]
      upper: [3 × 1 double]
      lower: [3 × 1 double]
>> lambda. ineqlin
ans =
    0.000 0
    1.500 0
0.5000
>> lambda. lower
ans =
    1.000 0
    0.000 0
    0.000 0
```

表明不等式约束条件 2 和 3 及第 1 个下界是有效的。

第5章　插值与拟合

5.1　数据插值

假设 $f(x)$ 是对应某种规律的函数,但函数本身的表达式是未知的,仅已知某区间内一组节点及节点上的函数值,这样的一组节点经常被称为样本点,由这些已知样本点的信息获得该函数在其他点上函数值的方法称为函数的插值。如果在这些给定点的范围内进行插值,称为内插,否则称为外插。根据数据的维度可以分为一维插值、二维插值和多维插值。MATLAB 为不同维度的插值问题提供了稳定而强大的支持,下文将对此进行详细讨论。

5.1.1　一维插值函数

MATLAB 中 interp1 函数常用于一维插值,其调用格式为:

```
y1 = interp1(x,y,x1,method)
```

其中, x、y 是两个向量,分别表示给定的自变量和对应函数值的数据,这两个向量可以用来表示已知样本点的坐标,显然它们的维度是相同的。$x1$ 为指定的一组新的插值点的横坐标,它可以是标量、向量或者矩阵,输出的 $y1$ 就是在这一组插值点中的插值结果。参数 method 为插值方法,interp1 中常用的插值方法如表 5.1 所示。

表 5.1　interp1 常用插值方法

插值参数	说明
linear	分段线性插值,插值点处的函数值由连接其最邻近的两侧点的线形函数预测
nearest	最近点等值方式,插值点处的函数值取与插值点最邻近的已知点上的函数值
pchip	三次埃尔米特插值(在旧版本中参数为 cubic)
spline	三次分段样条插值,可以用 spline 函数替代
v5cubic	MATLAB 5 中提供的三次多项式插值方法,不能用于外插(cubic 将在以后的版本中替代 v5cubic)
v4	MATLAB 4 中提供的插值算法(效果较好)

【例 5.1】假设已知的数据点来自函数 $f(x)=(x^2-3x+5)\mathrm{e}^{-5x}\cos x$,节点的横坐标向量 $x=0:.12:1$,试根据生成的数据进行插值处理,得出较平滑的曲线。请尝试至少三种插值方法,并将插值曲线与原曲线绘制在同一个 Figure 窗口中。

在 M 文件编辑器中编写如下代码:

```
x = 0:.12:1;y = (x.^2 - 3 * x + 5). * exp( - 5 * x). * cos(x);
x0 = 0:.02:1;ya = (x0.^2 - 3 * x0 + 5). * exp( - 5 * x0). * cos(x0);
subplot(2,2,1);
y1 = interp1(x,y,x0);
plot(x,y,'o',x0,ya,'k',x0,y1,':');
title('分段线性插值');
subplot(2,2,2);
```

```
y2 = interp1(x,y,x0,'pchip');
plot(x,y,'o',x0,ya,'k',x0,y2,':');
title('三次 Hermite 插值');
subplot(2,2,3);
y3 = interp1(x,y,x0,'spline');
plot(x,y,'o',x0,ya,'k',x0,y3,':');
title('分段三次样条插值');
subplot(2,2,4);
plot(x,y,'o',x0,y1,':',x0,y2,'- -',x0,y3);
legend('原数据点','分段线性插值','三次 Hermite 插值','分段三次样条插值');
```

执行以上代码后,输出的图形如图 5.1 所示,可见在这个问题上三次埃尔米特(Hermite)插值和分段三次样条插值的拟合效果较好。

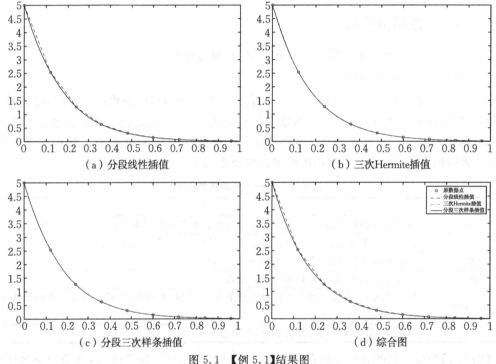

（a）分段线性插值　　　　　　　（b）三次Hermite插值

（c）分段三次样条插值　　　　　　（d）综合图

图 5.1 【例 5.1】结果图

5.1.2　二维插值函数

MATLAB 中 interp2 函数常用于二维插值,该函数的调用格式为:

```
zi = interp2(x,y,z,xi,yi,method)
```

其中, x、y、z 是已知样本点的数据,而 x_i、y_i 是由插值点构成的新的网格参数,返回的 z_i 即为所选插值网格点处的插值结果。可见,interp2 的使用方式和意义与 interp1 类似,但 method 参数只能使用 linear、cubic、spline、nearest。

【例 5.2】采用 linear、cubic、spline、nearest 进行二维插值,绘制 peaks 图像。

在 MATLAB 命令行窗口输入如下命令：

```
[x,y] = meshgrid(-4:4);              %定义样本数据网格点
z = peaks(x,y);                      %计算样本数据点上的函数值
[x1,y1] = meshgrid(-4:0.25:4);       %产生插值数据网格点
z1 = interp2(x,y,z,x1,y1,'linear');
surf(x1,y1,z1);                      %绘制分段线性插值的三维表面图
title('linear');figure;
z2 = interp2(x,y,z,x1,y1,'cubic');
surf(x1,y1,z2);                      %绘制三次多项式插值的三维表面图
title('cubic');figure;
z3 = interp2(x,y,z,x1,y1,'spline');
surf(x1,y1,z3);                      %绘制三次样条插值的三维表面图
title('spline');figure;
z4 = interp2(x,y,z,x1,y1,'nearest');
surf(x1,y1,z4);                      %绘制最邻近法插值的三维表面图
title('nearest');
```

程序运行后依次输出的图形如图 5.2 所示。

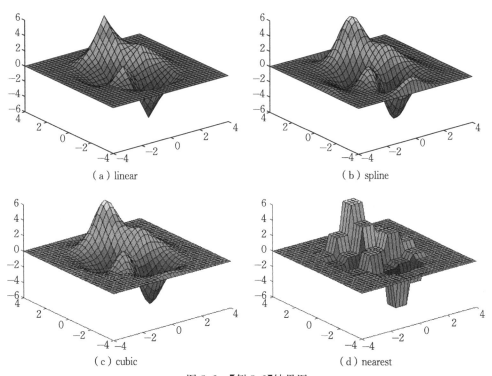

（a）linear　　　　　　　　　　　　　　（b）spline

（c）cubic　　　　　　　　　　　　　　（d）nearest

图 5.2　【例 5.2】结果图

【例 5.3】表 5.2 为某企业从 1968—2008 年工龄为 10 年、20 年和 30 年的职工的月均工资数据。试用线性插值求出 1973—2003 年每隔 10 年、工龄为 15 年和 25 年的职工的月平均工资。

表 5.2　职工月均工资

年份	工龄		
	10	20	30
1968	507	696	877
1978	793	951	1 503
1988	1 032	1 391	2 228
1998	1 265	1 737	3 267
2008	2 496	2 703	4 982

命令如下：

```
x = 1968:10:2008;
h = [10:10:30]';
W = [507,793,1032,1265,2496;
    696,951,1391,1737,2703;
    877,1503,2228,3267,4982];
xi = 1973:10:2003;
hi = [15;25];
WI = interp2(x,h,W,xi,hi);
```

执行后得到：

```
WI = [0.736 8 1.041 7 1.356 2 2.050 3;
    1.0068 1.518 3 2.155 7 3.172 3]
```

另外，还有一个 griddata 函数，用于拟合不规则的数据向量，其调用格式为：

```
z = griddata(x0,y0,z0,x,y,method)
```

griddata 函数不要求样本点坐标是网格型的，坐标可以是任意分布的，均由向量给出。x、y 是期望的插值位置，得出的 z 的维数与 x、y 一致。 method 参数可选 v4、linear、cubic、nearest 等。

【例 5.4】griddata 函数使用实例。已知 $z = (x^2 - 2x)\,\mathrm{e}^{-x^2-y^2-xy}$，在 $x \in [-3,3]$、$y \in [-2,2]$ 的矩形区域内随机选择一组坐标 (x_i, y_i)，就可以生成一组 z_i 值。以这些值为已知数据，用一般分布数据插值函数 griddata 进行插值处理。

在 M 文件编辑器中编写如下代码：

```
x = -3 + 6 * rand(200,1); y = -2 + 4 * rand(200,1);
z = (x.^2 - 2 * x). * exp(- x.^2 - y.^2 - x. * y);
plot(x,y,'x'),title('已知数据点的二维分布')
figure,plot3(x,y,z,'x'),title('已知数据点的三维分布')
[x1 y1] = meshgrid(-3:.2:3, -2:.2:2);
z1 = griddata(x,y,z,x1,y1,'cubic');
surf(x1,y1,z1),title('cubic 插值')
z2 = griddata(x,y,z,x1,y1,'v4');
figure; surf(x1,y1,z2); title('v4 插值')
```

输出结果如图 5.3 所示，可见由 cubic 插值算法得出的曲面残缺不全，而 v4 插值算法的插值效果较好。

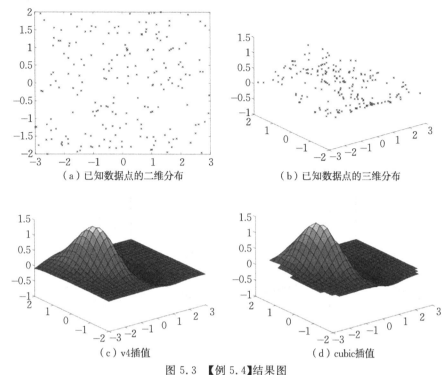

（a）已知数据点的二维分布　　　　　　　（b）已知数据点的三维分布

（c）v4 插值　　　　　　　　　　　（d）cubic 插值

图 5.3　【例 5.4】结果图

5.1.3　三维插值函数

MATLAB 中 interp3 用于三维数据插值，调用格式为：

```
vi = interp3(x,y,z,v,xi,yi,zi,method)
```

可见，调用类型与一维和二维的类似，参数的意义也相同，参数 method 可选 linear、cubic、spline、nearest 等。x_i、y_i、z_i 使用 meshgrid 生成。

5.1.4　经典插值算法的 MATLAB 实现

1. 拉格朗日插值法

拉格朗日（Lagrange）插值算法是一般代数插值教材中经常介绍的一类插值算法，对于已知的 x_i 和 y_i，可以求出 $\boldsymbol{x}$ 向量上各点处的插值，即

$$f(x) = \sum_{i=1}^{N} y_i \prod_{j=1,j \neq i}^{N} \frac{x - x_j}{(x_i - x_j)}$$

下面给出 MATLAB 对拉格朗日插值法的一种实现。

```
function y = Lagrange(x0,y0,x)
ii = 1:length(x0);    y = zeros(size(x));
for i = ii
ij = find(ii~ = i); y1 = 1;
for j = 1:length(ij),   y1 = y1. * (x - x0(ij(j)));end
    y = y + y1 * y0(i)/prod(x0(i) - x0(ij));
end
end
```

【**例 5.5**】拉格朗日插值法应用实例。已知 $f(x) = \dfrac{1}{1+25x^2}$，$-1 \leqslant x \leqslant 1$，假设已知其中一些点的坐标，则可以采用下面的命令进行拉格朗日插值，得出如图 5.4 所示的插值曲线。

```
x0 = −1 + 2 * [0:10]/10;y0 = 1./(1 + 25 * x0.^2);
x = −1:.01:1;y = Lagrange(x0,y0,x);
ya = 1./(1 + 25 * x.^2);plot(x,ya,x,y,'− −');
```

程序执行后输出的图像如图 5.4 所示。

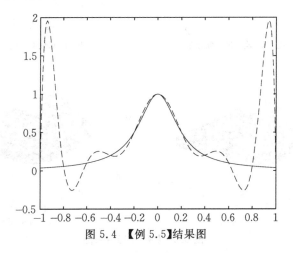

图 5.4　【例 5.5】结果图

观察此插值曲线可知，拉格朗日插值结果振荡幅度与频率较大，与精确值相差甚远，这就是龙格（Runge）现象，多项式阶次越高插值误差越大。所以对于这个问题来说，拉格朗日插值的效果不能让人满意。因此考虑使用 interp1 函数来解决这个问题，代码如下：

```
y1 = interp1(x0,y0,x,'cubic');y2 = interp1(x0,y0,x,'spline');
plot(x,ya,x,y1,'− −',x,y2,':');
```

执行后输出图形如图 5.5 所示，可见使用三次埃尔米特插值和分段三次样条插值的插值效果较好。

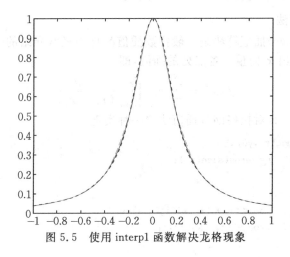

图 5.5　使用 interp1 函数解决龙格现象

2．牛顿差商插值法

拉格朗日插值虽然容易计算，但它不能很好地利用插值结果，如果要增加一个节点，则全部基函数都要重新计算。所以对于实际计算次数不断增加的多项式序列来说，拉格朗日公式是很不方便的，而牛顿差商插值公式就能很好地解决这些问题，公式如下：

$$P_n(x) = f(x_0) + (x - x_0)f[x_0, x_1] + \cdots + (x - x_0)(x - x_1)\cdots(x - x_{n-1})f[x_0, x_1, \cdots, x_n]$$

从公式的形式可知，一旦计算出差商的系数，就可以用最少的计算从 k 次插值多项式得到 $k+1$ 次插值多项式。如果需要了解具体的推导过程，请读者查阅数值分析相关的书籍，下面直接给出 MATLAB 中对牛顿差商插值法的一种实现代码。

```
function yi = Newton(x,y,xi)
% 牛顿差商插值法
% 参数 x:已知数据点的 x 坐标向量
% 参数 y:已知数据点的 y 坐标向量
% 参数 xi:插值点的 x 坐标
% 输出结果 yi:求得的在 xi 处的插值结果
eps = 1.0e - 6
n = length(x);
m = length(y);
if n~ = m
    error('数据点坐标不匹配!');
    return;
end
Y = zeros(n);
Y(:,1) = y';
for k = 1:n - 1
    for i = 1:n - k
        if abs(x(i + k) - x(i))<eps
            error('数据错误');
            return;
        end
        Y(i,k + 1) = (Y(i + 1,k) - Y(i,k))/(x(i + k) - x(i));
    end
end
yi = 0;
for i = 1:n
    z = 1;
    for k = 1:i - 1
        z = z. * (xi - x(k));
    end
    yi = yi + Y(1,i). * z;
end
end
```

3. 埃尔米特插值法

对于那些不仅要求在节点上的函数值相等,而且要求对应的导数值甚至高阶导数值都相等的插值问题,就可以用埃尔米特(Hermite)插值法。埃尔米特多项式的表达式如下

$$H(x) = \sum_{i=1}^{n} h_i \left[(x_i - x)(2a_i y_i - y_i') + y_i \right]$$

其中

$$y_i = y(x_i), y_i' = y'(x_i)$$

$$h_i = \prod_{\substack{j=1 \\ j \neq i}}^{n} \left(\frac{x - x_j}{x_i - x_j} \right)^2, \ a_i = \sum_{\substack{j=1 \\ j \neq i}}^{n} \frac{1}{x_i - x_j}$$

在 MATLAB 中对埃尔米特插值函数的一种实现如下:

```
function result = Hermite(x,y,y_1,x0)
% Hermite 插值函数
% 参数 x:已知数据点的 x 坐标向量
% 参数 y:已知数据点的 y 坐标向量
% 参数 y_1:已知数据点的导数向量
% 参数 x0:插值点的 x 坐标
% 输出结果 result:求得的 Hermite 插值多项式
syms t;
f = 0.0;
if(length(x) == length(y))
    if(length(y) == length(y_1))
        n = length(x);
    else
        disp('y 和 y 的导数的维数不相等!');
        return;
    end
else
    disp('x 和 y 的维数不相等!');
    return;
end
for i = 1:n
    h = 1.0;
    a = 1.0;
    for j = 1:n
        if(j ~= i)
            h = h * (t - x(j))^2/((x(i) - x(j))^2;
            a = a + 1/(x(i) - x(j));
        end
    end
    f = f + h * ((x(i) - t) * (2 * a * y(i) - y_1(i)) + y(i);
    if(i == n)
        if(nargin == 4)
            f = subs(f,'t',x0);
```

```
        else
            f = vpa(f,6);
        end
    end
end
end
```

【例5.6】埃尔米特插值法使用实例。根据表 5.3 所列的数据点求出其埃尔米特插值多项式，并计算当 $x=1.96$ 时的 y 值。

表 5.3　数据点

x	1	1.2	1.4	1.6	1.8
y	1	1.095 4	1.183 2	1.264 9	1.341 6
y'	0.500 0	0.456 4	0.422 6	0.395 3	0.372 7

在 MATLAB 命令行窗口中输入以下命令：

```
x = 1:0.2:1.8;
y = [1 1.095 4 1.183 2 1.264 9 1.341 6];
y_1 = [0.500 0 0.456 4 0.422 6 0.395 3 0.372 7];
res1 = Hermite(x,y,y_1);
res2 = Hermite(x,y,y_1,1.96);
```

执行以后，得到的 res1 即为所求的插值多项式，res2 即为当 $x=1.96$ 时的 y 值。

5.1.5　数据插值在数学建模上的应用

在数学建模中，数据很多都是离散化的，为了求出更精确的解，就要对数据进行连续化操作，此时就要用到插值。

【例5.7】在加工机翼的过程中，已有机翼断面轮廓线上的 20 组坐标点数据，如表 5.4 所示，其中 (x,y_1) 和 (x,y_2) 分别对应轮廓的上下线。假设需要得到 x 坐标每改变 0.1 时的 y 坐标，试通过插值方法计算加工所需的全部数据，并绘制机翼断面轮廓线及求出加工断面的面积。

表 5.4　机翼断面轮廓线数据坐标点

x	0	3	5	7	9	11	12	13	14	15
y_1	0	1.8	2.2	2.7	3.0	3.1	2.9	2.5	2.0	1.6
y_2	0	1.2	1.7	2.0	2.1	2.0	1.8	1.2	1.0	1.6

从表 5.4 中可以看出，机翼断面轮廓线是封闭曲线，为保证轮廓线的光滑性，应分别对上线和下线进行三次样条插值，相应的 MATLAB 代码如下：

```
>> x0 = [0,3,5,7,9,11,12,13,14,15];    %插值节点
>> y01 = [0,1.8,2.2,2.7,3.0,3.1,2.9,2.5,2.0,1.6];    %上线 y 坐标
>> y02 = [0,1.2,1.7,2.0,2.1,2.0,1.8,1.2,1.0,1.6];    %下线 y 坐标
>> x = 0:0.1:15;    %插值点 x 坐标
>> ysp1 = interp1(x0,y01,x,'spline');    %对上线作三次样条插值
>> pp = interp1(x0,y02,x,'spline','pp');    %对下线作三次样条插值
>> ysp2 = ppval(pp,x);    %调用 ppval 函数计算插值点处的函数值
>> xx = [x,fliplr(x)];    %将插值点的 x 坐标首尾相接
```

```
>> ysp = [ysp1,fliplr(ysp2)];    % 将插值点的 y 坐标首尾相接
>> plot([x0,x0],[y01,y02],'o')   % 绘制插值节点图像
>> hold on
>> plot(xx,ysp,'r','linewidth',2) % 绘制首尾相接的三次样条插值曲线
>> xlabel('X')
>> ylabel('Y')
>> legend('插值节点','三次样条插值','location','northwest')
>> pp   % 查看结构体变量 pp 的值
pp =
      form: 'pp'
    breaks: [0 3 5 7 9 11 12 13 14 15]
     coefs: [9×4 double]
    pieces: 9
     order: 4
       dim: 1
    orient: 'first'
>> pp.coefs   % 查看分段多项式系数值矩阵
ans =
    0.000 8    -0.036 5     0.502 3           0
    0.000 8    -0.029 2     0.305 1      1.200 0
    0.000 1    -0.024 3     0.198 2      1.700 0
   -0.001 2    -0.023 7     0.102 2      2.000 0
    0.004 7    -0.030 9    -0.007 0      2.100 0
   -0.123 4    -0.002 6    -0.074 1      2.000 0
    0.221 9    -0.372 6    -0.449 3      1.800 0
    0.035 6     0.293 2    -0.528 8      1.200 0
    0.035 6     0.400 0     0.164 4      1.000 0
```

　　运行上述命令就可得到 x 坐标每改变 0.1 时的 y 坐标 yspl(上线 y 值)和 ysp2(下线 y 值),由于数据过长,此处不予显示。由三次样条插值得到的机翼断面轮廓线如图 5.6 所示。为了查看每个子区间上插值多项式的表示形式,在对下线作插值的时候,使用了 interpl 函数的第 6 种调用格式,返回的"pp"是一个结构体变量,其"breaks"字段值为节点坐标,"coefs"字段值为分段插值多项式的系数矩阵,第 i 行为第 i 个子区间上的多项式系数。由以上结果不难写出第 2 个子区间[3,5]上的三次样条插值多项式为

$$y = 0.000\,8(x-3)\times 3 - 0.029\,2(x-3)\times 2 + 0.305\,1(x-3) + 1.200\,0$$

　　其他子区间上多项式的写法与之类似,这里不再赘述。

　　通过三次样条插值得到机翼断面轮廓线上的坐标点后,可由离散数据积分法计算加工断面面积(上线与 X 轴围成的图形面积减去下线与 X 轴围成的图形面积),相应的 MATLAB 代码及结果如下:

```
% 第一种方法:上线与 X 轴围成的图形面积减去下线与 X 轴围成的图形面积
>>S1 = trapz(x,yspl) - trapz(x, ysp2)
S1 =
  11.344 4
% 第二种方法:由首尾相接的坐标点直接求封闭区域的面积
>>S2 = trapz(xx,ysp)
S2 =
  11.344 4
```

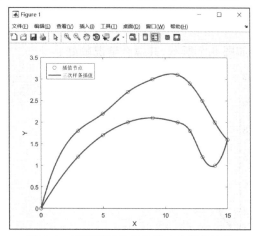

图 5.6　机翼断面轮廓线的三次样条插值

上面调用 trapz 函数,用两种方法求出了加工断面的面积为 11.344 4。

5.2　曲线拟合

MATLAB 曲线拟合的最优标准是采用常见的最小二乘原理,即在误差的平方和最小的意义下寻找最优的拟合函数。所构造的拟合函数是一个次数小于插值节点个数的多项式,用 polyfit 函数可以求得最小二乘拟合多项式的系数,调用格式为:

```
[P,S] = polyfit(X,Y,m)    或 P = polyfit (X,Y,m)
```

函数根据采样点 X 和采样点函数值 Y,产生一个 m 次多项式 P 及其在采样点的误差向量 S。其中 X、Y 是两个等长的向量,P 是一个长度为 $m+1$ 的向量,P 的元素为多项式系数。

polyfit 函数通常与 polyval 配合使用,polyval 的常见调用格式是:

```
[y,delta] = polyval(p,x,S)    或 y = polyval(p,x)
```

使用 polyfit 生成的可选输出结构体 S 来生成误差估计值。delta 是使用 $p(x)$ 预测 x 处的未来观测值时的标准误差估计值。

【例 5.8】拟合函数 polyfit 的使用实例。请分别用二次、三次多项式拟合表 5.5 中所列数据点,并将拟合多项式曲线绘制在同一坐标系下。

表 5.5　数据点

x	0.0	0.1	0.2	0.3	0.4	0.5	0.6	0.7	0.8	0.9	1.0
y	−0.447	1.978	3.28	6.16	7.08	7.34	7.66	9.56	9.48	9.30	11.2

命令如下：

```
x = 0:.1:1;
y = [ - 0.447 1.978 3.28 6.16 7.08 7.34 7.66 9.56 9.48 9.30 11.2];
f2 = polyfit(x,y,2)              % 计算二次拟合多项式的系数
f3 = polyfit(x,y,3)              % 计算三次拟合多项式的系数
xi = 0.05:0.2:1.05;
yi = polyval(f2,xi);      % 按所得多项式计算 x; 各点上多项式的值
yii = polyval(f3,xi);
plot(x,y,':o',xi,yi,'- *',xi,yii,'- -')
legend('原始数据点','二次拟合曲线','三次拟合曲线');
```

执行以后输出的图形如图 5.7 所示，其拟合情况较好。

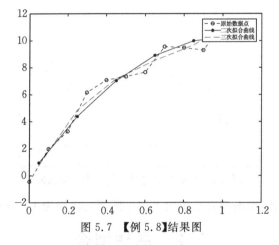

图 5.7　【例 5.8】结果图

当然，利用内置的 polyfit 函数进行拟合只是一种方法，也可以自行编程实现其他拟合函数，下面将给出线性最小二乘拟合和最小二乘多项式曲线拟合的 MATLAB 实现代码。

1) 线性最小二乘拟合

在 MATLAB 中，实现线性（$Y = aX + b$）最小二乘拟合的代码如下：

```
function[a,b] = linear_fitting(X,Y)
% 线性最小二乘拟合函数
% 参数 X:训练数据点的横坐标向量
% 参数 Y:训练数据点的纵坐标向量
% 输出变量 a:拟合的一次项系数
% 输出变量 b:拟合的常数项
if(length(X) == length(Y))
    n = length(X);
else
    disp('数据点坐标不匹配!');
    return;
end
A = zeros(2,2);
A(2,2) = n;
B = zeros(2,1);
```

```
for i = 1:n
    A(1,1) = A(1,1) + X(i) * X(i);
    A(1,2) = A(1,2) + X(i);
    B(1,1) = B(1,1) + X(i) * Y(i);
    B(2,1) = B(2,1) + Y(i);
end
A(2,1) = A(1,2);
s = A\B;
a = s(1);
b = s(2);
end
```

2)最小二乘多项式曲线拟合

对于给定的数据点 $(x_i, y_i)(i = 1, 2, \cdots, N)$,可以构造 m 次多项式,即

$$P(x) = a_0 + a_1 x + \cdots + a_m x^m (m < N)$$

由最小二乘原理,各个数据点到这条曲线的距离之和,即 $\sum_{i=1}^{N} \left[\sum_{j=0}^{m} a_j x_i^j - y_i \right]^2$ (偏差平方和)取极小值。

通过简单的运算可以得出系数是下面线性方程组的解,即

$$\begin{pmatrix} c_0 & c_1 & \cdots & c_m \\ c_1 & c_2 & \cdots & c_{m+1} \\ \vdots & \vdots & & \vdots \\ c_m & c_{m+1} & \cdots & c_{2m} \end{pmatrix} \begin{pmatrix} a_0 \\ a_1 \\ \vdots \\ a_m \end{pmatrix} = \begin{pmatrix} b_0 \\ b_1 \\ \vdots \\ b_m \end{pmatrix}$$

其中

$$c_k = \sum_{i=1}^{N} x_i^k, (k = 0, 1, \cdots, 2m)$$

$$b_k = \sum_{i=1}^{N} y_i x_i^k, (k = 0, 1, \cdots, m)$$

在 MATLAB 中实现最小二乘多项式曲线拟合的函数 polynomial_curve_fitting,其代码如下:

```
function result = polynomial_curve_fitting(X,Y,m)
% 多项式曲线拟合函数
% 参数 X:训练数据点的横坐标向量
% 参数 Y:训练数据点的纵坐标向量
% 参数 m:拟合多项式的最高幂次
% 输出变量 result:拟合多项式的系数矩阵
N = length(X);
M = length(Y);
if(N~ = M)
        disp('数据点坐标不匹配!');
        return;
end
c(1:(2 * m + 1)) = 0;
b(1:(m + 1)) = 0;
```

```
for k = 1:(2 * m + 1)
    for i = 1:N
        c(k) = c(k) + X(i)^(k - 1);
        if(k<(m + 2))
            b(k) = b(k) + Y(i) * X(i)^(k - 1);
        end
    end
end
C(1,:) = c(1:(m + 1));
for s = 2:(m + 1)
    C(s,:) = c(s:(m + s));
end
result = C\b';
end
```

分析该函数的形式可知,其调用格式与 polyfit 相同,polynomial_curve_fitting 和 polyfit 的区别在于内部的原理及输出参数的个数。

【例 5.9】线性最小二乘拟合函数的应用实例。某人身高 176 cm,他爷爷、父亲和儿子的身高分别是 173 cm、170 cm 和 182 cm。因儿子的身高与父亲的身高有关,请用线性回归分析的方法预测他孙子的身高为多少 cm。

在实现 linear_fitting 的前提下,重点是要找准自变量和因变量,此处要讨论的相关关系是父亲的身高和儿子的身高,可列出相关关系表如表 5.6 所示。

表 5.6 身高

x	173	170	176
y	170	176	182

代码如下:

```
x = [173,170,176];
y = [170 176 182];
[a b] = linear_fitting(x,y);
result = polyval([a,b],182);
result =
  185.0000
```

最后可得 result=185.000 0,即预测他孙子的身高为 185 cm。

【例 5.10】多项式曲线拟合的实例。用二次多项式拟合表 5.7 中的数据点。

表 5.7 数据点

x	1	2	3
y	2	5	10

在实现了 polynomial_curve_fitting 的前提下,有如下代码:

```
x = 1:3;
y = [2 5 10];
A = polynomial_curve_fitting(x,y,2);
A =
  0.1282   0.3235   0.8718
```

执行后得到多项式系数矩阵 $A = \begin{bmatrix} 0.128\,2 & 0.323\,5 & 0.871\,8 \end{bmatrix}$，即拟合多项式为 $y = 0.128\,2 + 0.323\,5x + 0.871\,8x^2$。

5.3　误差分析

前两节介绍了 MATLAB 中内置的插值拟合函数及相关一些经典算法的 MATLAB 实现，本节我们将考虑插值拟合的误差。数值分析中讨论多项式插值误差通常是考虑余项，鉴于 MATLAB 具有强大的计算能力及绘图可视化功能，此处主要介绍 MATLAB 中进行误差分析的常用方法。

MATLAB 中经常将 abs 函数同绘图函数结合使用，以对误差分布情况进行直接观察，也可以将 abs 函数与 max、min 函数结合计算出在定义范围内的误差上下界。接下来以实例讲解。

【例 5.11】对于函数 $z = f(x,y) = (x^2 - 2x)\,\mathrm{e}^{-x^2-y^2-xy}$，在 $x \in [-3,3]$ 和 $y \in [-2,2]$ 的条件下，给定 300 个随机训练数据点 (x,y)。对使用 v4 和 cubic 两种算法的插值结果进行误差分析。

在 M 文件编辑器中编写如下代码：

```
x = -3 + 6 * rand(300,1);y = -2 + 4 * rand(300,1);
z = (x.^2 - 2 * x). * exp(-x.^2 - y.^2 - x. * y);
[x1,y1] = meshgrid(-3:.2:3,-2:.2:2);
z0 = (x1.^2 - 2 * x1). * exp(-x1.^2 - y1.^2 - x1. * y1);
z1 = griddata(x,y,z,x1,y1,'cubic');
z2 = griddata(x,y,z,x1,y1,'v4');
surf(x1,y1,abs(z1 - z0));
zlsup = max(max(abs(z1 - z0)))          % cubic 插值误差分布上界
zlinf = min(min(abs(z1 - z0)))          % cubic 插值误差分布下界
title('cubic 插值误差分析')
figure;
surf(x1,y1,abs(z2 - z0));
zlsup = max(max(abs(z1 - z0)))          % v4 插值误差分布上界
zlinf = min(min(abs(z1 - z0)))          % v4 插值误差分布下界
title('v4 插值误差分析')
```

执行后输出结果如图 5.8 和图 5.9 所示，可见使用 v4 插值的误差比使用 cubic 插值的误差整体上要小很多。

再用 contour 函数绘制出误差的二维等高线图，代码如下：

```
figure;plot(x,y,'x');
hold on,contour(x1,y1,abs(z0 - z1),30);title('cubic')
figure;plot(x,y,'x');
hold on,contour(x1,y1,abs(z0 - z2),30);title('v4')
```

输出结果如图 5.10 和图 5.11 所示。

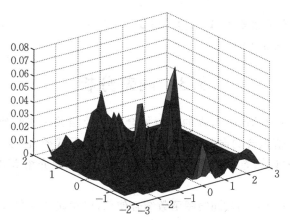

图 5.8　cubic 插值误差分布

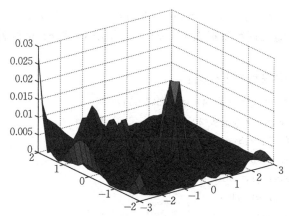

图 5.9　v4 插值误差分布

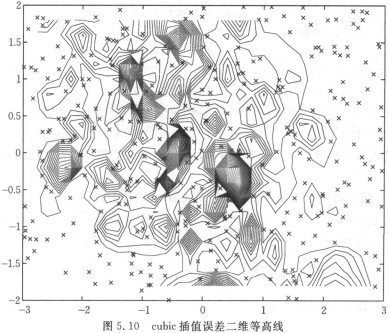

图 5.10　cubic 插值误差二维等高线

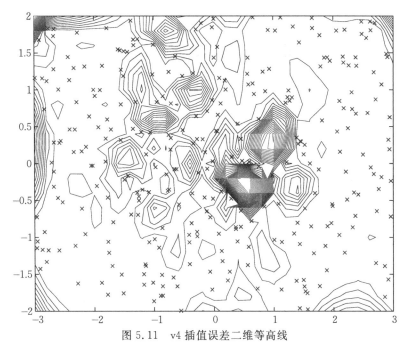

图 5.11　v4 插值误差二维等高线

同样得出,使用 cubic 插值的误差要比 v4 插值的误差大。

第6章 数学分析

6.1 极限、微分与导数

极限、微分与导数是高等数学中的基本概念,这三者之间有密切的联系。微分、导数的定义都源于极限,极限的求解又需要微分、导数的相关知识(如洛必达法则、泰勒级数等)。在实际生活中,有时候极限、微分、导数难以人工求解,这时候就需要使用计算机求解这些问题,而MATLAB是求解这些问题的强大工具。

6.1.1 极 限

极限概念是深入研究函数变化形态的最基本的概念,也是高等数学中最基本的概念之一。高等数学中许多基本概念,如连续、微分、积分、级数、导数等都是建立在极限的基础上的。

函数的极限可以表示为

$$\lim_{x \to x_0} f(x) = b$$

意为当 x 趋向于 x_0 时 $f(x)$ 的值。同时,极限也有左极限和右极限的概念。左极限表示当 x 从负无穷方向(左侧)趋向于 x_0 时 $f(x)$ 的值,右极限表示当 x 从正无穷方向(右侧)趋向于 x_0 时 $f(x)$ 的值。

函数 limit 可以计算极限,它的调用方式为:

```
limit(fun)      % fun 为符号表达式,该函数会执行一个自变量趋向于 0 的极限
limit(fun,a)       % 该函数会执行默认自变量趋向于 a 的极限
limit(fun,x,a)     % 该函数会执行 x 趋向于 a 的极限
limit(fun,x,a,'left')    % 该函数会执行 x 趋向于 a 的左极限
limit(fun,x,a,'right')    % 该函数会执行 x 趋向于 a 的右极限
```

这里,给出一个计算函数极限的例子:

```
syms x y
f = y. * sin(x)./x;
limit(f,x,0)
```

运行之后,输出结果为:

```
ans = y
```

6.1.2 导数与微分

在高等数学中,导数是指当自变量改变量 $\Delta x \to 0$ 时,函数改变量 Δy 与自变量改变量 Δx 之比的极限。它用于描述函数变化的快慢。微分是指当自变量改变量 $\Delta x \to 0$ 时的函数改变量 Δy,它用于描述函数变化的程度。

在 MATLAB 中,可以通过 diff 函数求解,它的调用格式为:

```
diff(fun)      % 对符号表达式 fun 求导数
diff(fun,'x')    % 对自变量 x,求符号表达式 fun 的导数
diff(fun,n)     % 对符号表达式 fun 求微分 n 阶导数
diff(fun,'x',n)   % 对自变量 x,求符号表达式 fun 的 n 阶导数
```

需要注意的是,如果上面的"fun"是向量,则该函数同样会运行,不过这样求的是差分。
下面这个例子将说明 diff 函数的使用。

```
syms x y
fun = log(x) + exp(x) + sin(y);
d2x = diff(fun,'x',2)
```

运行之后,屏幕上将会输出:

```
d2x =
exp(x) - 1/x^2
```

6.2　积　分

积分学是高等数学中的基础学科之一,积分运算是实际学习和生活中应用极为广泛的工具。MATLAB 既提供了求不定积分的函数,又提供了求定积分的函数。本节将介绍 MATLAB 中关于积分的一些函数。

6.2.1　不定积分

求解不定积分是求导数的逆问题。数学上,不定积分可以通过换元、查积分表、待定系数等方法求解。

在求解不定积分时,MATLAB 提供了一个功能强大的 int 函数。它不仅能计算出普通的初等函数的积分,也能计算出各种非初等函数的不定积分,如贝赛尔(Bézier)函数的不定积分。int 函数的调用格式如下:

```
int(fun)     % 对符号表达式 fun 求不定积分,自变量为 fun 中的符号自变量
int(fun,x)    % 对符号表达式 fun 求关于 x 的不定积分
```

下面通过一个例题来了解 int 函数的用法。

【例 6.1】对于函数 $f(x) = e^x + x, g(x,y) = y^2 e^x + xy, h(x) = e^{x^2}$,求不定积分: $f = \int f(x) dx$, $g = \int g(x,y) dy$, $h = \int h(x) dx$。

在 MATLAB 的命令窗口中输入下面的命令:

```
>> syms x y
>> f = int(exp(x) + x)
f =
exp(x) + x^2/2
```

```
>> g = int(y.^2.剾exp(x) + x.剾y,y)
g =
(exp(x)剾y^3)/3 + (x剾y^2)/2
>> h = int(exp(x.^2))
h =
(pi^(1/2)剾erfi(x))/2
```

可以看出,int 函数可以求解不定积分,并且计算结果后面不带常数项。

值得注意的是,旧版本的 MATLAB 中 int 函数求解不定积分的能力是有限的,对于比较复杂的符号表达式,int 函数可能无法求解。但是在最新版本的 MATLAB 中,int 函数的求解能力大大增强,以前一些求不出的不定积分几乎都能求出。

6.2.2 定积分与广义积分

数学上,定积分的定义是一个函数相应于闭区间的一个带标志点分划的黎曼和关于这个分划的参数趋于零时的极限。定积分的求解可以使用牛顿-莱布尼茨公式,即

$$\int_a^b f(x)\mathrm{d}x = F(x)\,\big|_a^b = F(b) - F(a)$$

其中,$F(x)$ 为 $f(x)$ 的原函数。

MATLAB 中提供了许多求解定积分的函数,如 int、quad 等。这一节将只介绍通过解析方法求解定积分的函数——int 函数。

求解定积分时 int 函数的调用格式为:

```
int(fun,a,b)      % 计算 fun 函数从 a 到 b 的定积分
int(fun,x,a,b)    % 计算对于自变量 x,函数从 a 到 b 的定积分
```

我们通过下面一个例题来了解 int 函数的调用。

【例 6.2】使用 MATLAB 求解下面的定积分 $f = \int_0^{2\pi} x \sin^8 x\, \mathrm{d}x$。

在 MATLAB 的命令窗口中输入下面的命令:

```
>> syms x
>> f = int(x * sin(x).^8,0,2 * pi)
f =
(35 * pi^2)/64
```

可以得到定积分的值为 $\dfrac{35\pi^2}{64}$。

对于 int 函数求定积分,需要注意的是,如果被积函数的原函数不为初等函数,则无法求出其精确值。如下所示:

```
>> syms x
>> int(sin(x) * (sin(x) + 1)^(1/2),0,2 * pi)
ans =
int(sin(x) * (sin(x) + 1)^(1/2), x, 0, 2 * pi)
```

对于数学能力强的人来说,可以求出该定积分的值为 $\dfrac{4\sqrt{2}}{3}$。但 MATLAB 中无法通过

int 函数求出,可以使用 quad 函数等求出。至于它们的使用,将会在 6.2.4 小节中进行介绍。

将定积分的概念推广至积分区间无穷和被积函数在有限区间上为无界的情形,就得到了广义积分。其中前者称为无穷限广义积分或无穷积分,后者称为无界函数的广义积分或瑕积分。

在 MATLAB 中求解广义积分和求解一般定积分的方法是一样的,只不过求解广义积分有时候需要用到 MATLAB 中的一个常量 inf。常量 inf 表示正无穷,−inf 表示负无穷。

下面通过一个例题来了解 MATLAB 如何求解广义积分。

【例 6.3】使用 MATLAB 求解两个广义积分:$f = \int_0^1 \dfrac{\mathrm{d}x}{\sqrt{1-x^2}}$, $g = \int_{\frac{\pi}{2}}^{+\infty} \dfrac{1}{x^2} \sin \dfrac{1}{x} \mathrm{d}x$。

在 MATLAB 命令窗口中输入以下内容,将会得到结果。

```
>> syms x
>> f = int(1/sqrt(1 - x.^2),0,1)
f =
pi/2
>> g = int(sin(1./x)./x.^2,0.5 * pi,inf)
g =
2 * sin(1/pi)^2
```

可以发现,int 函数也可以求广义积分。

6.2.3　二重积分与多重积分

在实际应用中,也有许多二重积分与多重积分的问题。与定积分类似,二重积分也是某种特定形式的和的极限。二重积分可以形象地理解为求曲顶柱体的体积。至于多重积分,则可以理解为求 n 维物体的体积。

二重积分可以通过两个 int 函数的嵌套来计算。

通过下面一个例题,我们来介绍二重积分的 MATLAB 求解。

【例 6.4】使用 MATLAB 求解下面一个二重积分:$f = \iint\limits_{D} x^2 \mathrm{e}^{-y^2} \mathrm{d}x\mathrm{d}y$,其中 D 表示由直线 $x = 0, y = 1, y = x$ 所围成的区域。

这个积分可以写成 $f = \int_0^1 \mathrm{d}y \int_0^y x^2 \mathrm{e}^{-y^2} \mathrm{d}x$ 的形式,因此可以在 MATLAB 的命令窗口中输入以下内容计算这个积分。

```
>> syms x y
>> fun = x.^2. * exp( - y.^2);
>> int(int(fun,x,0,y),y,0,1)
ans =
1/6 - exp( - 1)/3
```

对于矩形区域上的二重积分,通过 dblquad 函数计算。它的调用格式为:

```
dblquad(fun,x1,x2,y1,y2)    % 计算在区域[x1,x2,y1,y2]上二元函数 z = fun(x,y)的二重积分
```

对于多重积分,也可以通过类似的多个 int 函数的嵌套计算得到。

下面通过一个例题来介绍三重积分的计算。

【例6.5】使用 MATLAB 求解下面这个三重积分,即

$$f = \int_{-1}^{1} \int_{0}^{1} \int_{0}^{\pi} (y\sin x + z\cos x)\mathrm{d}x\,\mathrm{d}y\,\mathrm{d}z$$

在 MATLAB 命令窗口中输入以下内容即可求解。

```
>> syms x y z
>> fun = y * sin(x) + z * cos(x);
>> int(int(int(fun,x,0,pi),y,0,1),z, -1,1)
ans =
2
```

所以该三重积分的值为 2。

6.2.4　数值积分

1. 梯形公式的数值积分

梯形公式的数值积分是最简单的数值积分公式,它是利用梯形面积近似曲边梯形面积的方法来计算的,计算公式为

$$\int_{a}^{b} f(x)\mathrm{d}x \approx \frac{b-a}{2}\big[f(a) + f(b)\big]$$

式中,约等于符号左边表示曲边梯形的面积,右边表示梯形的面积。但是,由于直接用梯形公式计算积分十分粗糙,误差较大,后来提出了复合梯形公式,即

$$\int_{a}^{b} f(x)\mathrm{d}x \approx \sum_{i=0}^{n-1} \frac{h}{2}\big[f(a+ih) + f(a+(i+1)h)\big]$$

其中,$h = \dfrac{b-a}{n}$,n 表示积分区间划分的个数,h 为积分步长。

下面,通过 MATLAB 实现复合梯形公式的函数,命名为 CombineTraprl. m。

函数文件的内容为:

```
function [res,step] = CombineTraprl(f,a,b,eps )
% 输入:
% f:函数名
% a:积分下限 b:积分上限
% eps:精度
% 输出:
% res:积分值
% step:积分区间个数
if nargin == 3
    eps = 1e - 4;
end
n = 1;
h = (b-a)/2;
```

```
I1 = 0;
I2 = (subs(sym(f),symvar(sym(f)),a) + subs(sym(f),symvar(sym(f)),b)) * h;
while abs(I2 - I1)>eps
    n = n + 1;
    h = (b - a)/n;
    I1 = I2;
    I2 = 0;
    for i = 0:n - 1
        x = a + h * i;
        x1 = x + h;
        I2 = I2 + (h/2) * (subs(sym(f),symvar(sym(f)),x) + ···
            subs(sym(f),symvar(sym(f)),x1));
    end
end
res = double(I2);
step = n;
end
```

下面通过一个例题来介绍这个函数的使用。

【例 6.6】使用复合梯形法计算定积分 $\int_1^2 \sin x^2 \mathrm{d}x$。

将函数文件 CombineTraprl. m 添加入路径之后,在 MATLAB 的命令窗口中输入:

```
>> [res,n] = CombineTraprl(sin(x^2),1,2)
```

将会得到结果:

```
res =
    0.493
n =
    19
```

因此, $\int_1^2 \sin x^2 \mathrm{d}x \approx 0.493$,达到 10^{-4} 精度所需的积分区间为 19。

2. 辛普森公式的数值积分

辛普森公式的几何意义就是使用抛物线为顶的曲边梯形面积近似替代以曲线 $y = f(x)$ 为顶的曲边梯形面积。辛普森公式的数值积分公式为

$$\int_a^b f(x)\mathrm{d}x \approx \frac{b-a}{6}\left[f(a) + 4f\left(\frac{a+b}{2}\right) + f(b)\right] \tag{6.1}$$

式(6.1)是以经过 $(a,f(a))$、$\left(\frac{a+b}{2},f\left(\frac{a+b}{2}\right)\right)$、$(b,f(b))$ 三点的抛物线围成的曲边梯形来替代定函数的积分。精度更高的还有辛普森 3/8 公式,即

$$\int_a^b f(x)\mathrm{d}x \approx \frac{b-a}{8}\left[f(a) + 3f\left(\frac{2a+b}{3}\right) + 3f\left(\frac{a+2b}{3}\right) + f(b)\right] \tag{6.2}$$

式(6.2)是以经过 $(a,f(a))$、$\left(\frac{2a+b}{3},f\left(\frac{2a+b}{3}\right)\right)$、$\left(\frac{a+2b}{3},f\left(\frac{a+2b}{3}\right)\right)$、$(b,f(b))$ 四

点的抛物线围成的曲边梯形来替代定函数的积分。

从代数精确度的角度来说,辛普森公式的数值积分优于梯形公式的数值积分。

同梯形公式一样,也有复合辛普森公式,即

$$\int_a^b f(x)\,\mathrm{d}x \approx \frac{h}{6}\sum_{k=0}^{n-1}\left[f(x_k)+4f(x_{k+\frac{1}{2}})+f(x_{k+1})\right]$$

其中,$f(x_0)=f(a)$,$f(x_n)=f(b)$,$x_{k+\frac{1}{2}}=\dfrac{x_k+x_{k+1}}{2}$,$h=\dfrac{b-a}{n}$。

下面,通过 MATLAB 实现复合辛普森公式的函数,命名为 IntSimpson.m。

函数文件的内容为:

```
function [res,step] = IntSimpson(f,a,b,type,eps)
% 输入:f:函数名 a:积分下限 b:积分上限
%       type:积分类型(可取 1,2,3)
%       eps:积分精度
% 输出:I:积分值    step:区间个数
if nargin == 4
    eps = 1e-4;
end
res = 0;
switch type
    case 1    % 辛普森公式
        res = ((b-a)/6) * (subs(f,symvar(f),a) + …
            4 * subs(f,symvar(f),(a+b)/2) + …
            subs(f,symvar(f),b));
        step = 1;
    case 2    % 辛普森 3/8 公式
        res = ((b-a)/8) * (subs(f,symvar(f),a) + …
            3 * subs(f,symvar(f),(2*a+b)/3) + …
            3 * subs(f,symvar(f),(a+2*b)/3) + …
            subs(f,symvar(f),b));
        step = 1;
    case 3    % 复合辛普森公式
        n = 1;
        h = (b-a)/2;
        I1 = 0;
        I2 = (subs(f,symvar(f),a) + subs(f,symvar(f),b)) * h;
        while abs(I2 - I1)>eps
            n = n+1;
            h = (b-a)/n;
            I1 = I2;
            I2 = 0;
```

```
                for i = 0:n - 1
                    x = a + h * i;
                    x1 = x + h;
                    I2 = I2 + (h/6) * (subs(f,symvar(f),x) + ⋯
                        4 * subs(f,symvar(f),(x + x1)/2) + ⋯
                        subs(f,symvar(f),x1));
                end
            end
            res = I2;
            step = n;
    end
end
res = double(res);
end
```

下面通过一个例题来了解这个函数的调用。

【例 6.7】分别使用辛普森公式、辛普森 3/8 公式、复合辛普森公式来计算定积分 $\int_1^2 \sin x^2 \, \mathrm{d}x$（要求使用复合辛普森公式时误差小于 0.01）。

在前面所述的函数文件的基础上，在 MATLAB 的命令窗口中输入以下内容，将得到以下结果。

```
>> syms x
>> fun = sin(x.^2);
>> [res,n] = IntSimpson(fun,1,2,1)
res = 0.532 8
n = 1
>> [res,n] = IntSimpson(fun,1,2,2)
res = 0.511 0
n = 1
>> [res,n] = IntSimpson(fun,1,2,3,0.01)
res = 0.491 0
n = 35
```

在上面的计算结果中，可以看出，单纯地使用辛普森公式或者辛普森 3/8 公式，误差都会比较大，而使用复合辛普森公式，则误差较小。

值得注意的是，MATLAB 也提供了一个函数 quad，它使用自适应辛普森公式求积分，比直接使用辛普森公式精度更高，比前面所述的复合辛普森公式效率更高。

自适应辛普森公式是基于三点辛普森公式计算的，它根据情况递归划分区间：容易近似计算的地方少划分，不容易近似计算的地方多划分。

quad 函数调用格式为：

```
quad(fun,a,b,tol)    % fun 表示函数,a、b 分别是积分下限、上限,tol 表示精度
```

以【例 6.7】为例，使用 quad 函数计算其积分，在 MATLAB 的命令窗口中输入：

```
>> fun = @(x) sin(x.^2);
>> tic;res = quad(fun,1,2,0.01);toc;res
Elapsed time is 0.006 413 seconds.
res = 0.494 5
```

使用普通的复合辛普森公式计算,在 MATLAB 的命令窗口中输入:

```
>> syms x
>> tic;[res,n] = IntSimpson(sin(x.^2),1,2,3,0.01);toc;res
Elapsed time is 8.049 788 seconds.
res = 0.491 0
```

可以看出,自适应辛普森公式仅用时 0.006 413 s,而普通的复合辛普森公式用时 8.049 788 s。所以,自适应辛普森公式效率远高于普通的复合辛普森公式,在实际应用中,应该尽量使用自适应辛普森公式,也就是 MATLAB 自带的函数 quad。

3. 牛顿-科茨公式的数值积分

牛顿-科茨(Newton-Cotes)公式是通过将区间 $[a,b]$ 划分为 n 个相等的区间,然后在求积节点 $x_k = a + kh \left(h = \dfrac{b-a}{n}, n = 0,1,2,\cdots,n \right)$ 上使用 n 次拉格朗日插值多项式 $L_n(x)$ 对 $f(x)$ 进行拟合,因此积分公式为

$$\int_a^b f(x)\mathrm{d}x \approx \int_a^b L_n(x)\mathrm{d}x = (b-a)\sum_{k=0}^n C_k^{(n)} f(x_k) \tag{6.3}$$

其中

$$C_k^{(n)} = \frac{(-1)^{n-k}}{nk!\ (n-k)!} \int_0^n t(t-1)\cdots(t-k+1)(t-k-1)\cdots(t-n)\mathrm{d}t \tag{6.4}$$

这里,$C_k^{(n)}$ 被称为科茨系数,科茨系数表(部分)如表 6.1 所示。

表 6.1 科茨系数表(部分)

n	$C_k^{(n)}$						
1	$\dfrac{1}{2}$	$\dfrac{1}{2}$					
2	$\dfrac{1}{6}$	$\dfrac{4}{6}$	$\dfrac{1}{6}$				
3	$\dfrac{1}{8}$	$\dfrac{3}{8}$	$\dfrac{3}{8}$	$\dfrac{1}{8}$			
4	$\dfrac{7}{90}$	$\dfrac{32}{90}$	$\dfrac{12}{90}$	$\dfrac{32}{90}$	$\dfrac{7}{90}$		
5	$\dfrac{19}{288}$	$\dfrac{75}{288}$	$\dfrac{50}{288}$	$\dfrac{50}{288}$	$\dfrac{75}{288}$	$\dfrac{19}{288}$	
6	$\dfrac{41}{840}$	$\dfrac{216}{840}$	$\dfrac{27}{840}$	$\dfrac{272}{840}$	$\dfrac{27}{840}$	$\dfrac{216}{840}$	$\dfrac{41}{840}$
7	$\dfrac{751}{17\,280}$	$\dfrac{3\,577}{17\,280}$	$\dfrac{1\,323}{17\,280}$	$\dfrac{2\,989}{17\,280}$	$\dfrac{2\,989}{17\,280}$	$\dfrac{1\,323}{17\,280}$	$\dfrac{3\,577}{17\,280}$

需要注意的是,当 $n \leqslant 7$ 时,n 越大,精度越高,但当 $n \geqslant 8$ 时,数值计算不稳定,计算误差

会被放大。所以,在实际应用中,并不是 n 越大越好。

可以观察到,梯形公式是 $n=1$ 的情况,辛普森公式是 $n=2$ 的情况。下面是一些比较常见的积分公式。

(1)科茨公式($n=4$)。

$$\int_a^b f(x)\mathrm{d}x \approx \frac{b-a}{90}\left[7f(a)+32f\left(\frac{3a+b}{4}\right)+12f\left(\frac{a+b}{2}\right)+32f\left(\frac{a+3b}{4}\right)+7f(b)\right]$$

(2)牛顿-科茨五点公式($n=5$)。

$$\int_a^b f(x)\mathrm{d}x \approx \frac{b-a}{288}\left[19f(a)+75f\left(\frac{4a+b}{5}\right)+50f\left(\frac{3a+2b}{5}\right)+50f\left(\frac{2a+3b}{5}\right)+\right.$$
$$\left. 75f\left(\frac{a+4b}{5}\right)+19f(b)\right]$$

(3)牛顿-科茨六点公式($n=6$)。

$$\int_a^b f(x)\mathrm{d}x \approx \frac{b-a}{840}\left[41f(a)+216f\left(\frac{5a+b}{6}\right)+27f\left(\frac{2a+b}{3}\right)+272f\left(\frac{a+b}{2}\right)+\right.$$
$$\left. 27f\left(\frac{a+2b}{3}\right)+216f\left(\frac{a+5b}{6}\right)+41f(b)\right]$$

下面,通过 MATLAB 实现复合梯形公式的函数,命名为 NewtonCotes.m。

函数文件的内容为:

```
function I = NewtonCotes(f,a,b,type)
% 输出:I:积分值
% 输入:f:函数;a:积分下限;b:积分上限
% type:公式类型,其中 1 表示科茨公式
%              2 表示牛顿－科茨五点公式
%              3 表示牛顿－科茨六点公式
I = 0;
switch type
    case 1
        I = ((b-a)/90) * (7 * subs(f,symvar(f),a) + …
            32 * subs(f,symvar(f),(3 * a+b)/4) + …
            12 * subs(f,symvar(f),(a+b)/2) + …
            32 * subs(f,symvar(f),(a+3 * b)/4) + 7 * subs(f,symvar(f),b));
    case 2
        I = ((b-a)/288) * (19 * subs(f,symvar(f),a) + …
            75 * subs(f,symvar(f),(4 * a+b)/5) + …
            50 * subs(f,symvar(f),(3 * a+2 * b)/5) + …
            50 * subs(f,symvar(f),(2 * a+3 * b)/5) + …
            75 * subs(f,symvar(f),(a+4 * b)/5) + 19 * subs(f,symvar(f),b));
    case 3
        I = ((b-a)/840) * (41 * subs(f,symvar(f),a) + …
            216 * subs(f,symvar(f),(5 * a+b)/6) + …
            27 * subs(f,symvar(f),(2 * a+b)/3) + …
            272 * subs(f,symvar(f),(a+b)/2) + …
```

```
                27 * subs(f,symvar(f),(a + 2 * b)/3) + …
                216 * subs(f,symvar(f),(a + 5 * b)/6) + 41 * subs(f,symvar(f),b));
  end
  I = double(I);
end
```

下面通过一个例题来介绍这个函数的使用。

【例 6.8】分别使用科茨公式、牛顿-科茨五点公式、牛顿-科茨六点公式来计算定积分 $\int_0^\pi \sin x \, dx$，并比较三种方法。

在上面函数文件 NewtonCotes.m 的基础上，在 MATLAB 的命令窗口中输入以下内容。

```
>> syms x
>> fun = sin(x);
>> NewtonCotes(fun,0,pi,1)
ans = 1.998 6
>> NewtonCotes(fun,0,pi,2)
ans = 1.999 2
>> NewtonCotes(fun,0,pi,3)
ans = 2.000 0
```

利用数学知识，可以计算出 $\int_0^\pi \sin x \, dx = 2$。由上面运行结果可以看出，使用科茨公式计算得到 1.998 6，使用牛顿-科茨五点公式计算可以得到 1.999 2，使用牛顿-科茨六点公式计算得到 2.000 0。因此，牛顿-科茨六点公式的计算结果是最精确的。

6.3　级　数

将已知数列 $\{u_n\}$ $(n=1,\cdots,\infty)$ 的各项依次用"+"号连接起来的表达式为

$$u_1 + u_2 + u_3 + \cdots + u_n + \cdots$$

该表达式称为常数项无穷级数，简称常数项级数或者级数，记为 $\sum_{n=1}^{\infty} u_n$。

从这里可以看到，级数的定义在形式上表示无穷多个数"相加"，但它蕴含着丰富的数学原理。

6.3.1　级数求和

MATLAB 中提供了级数求和的函数 symsum，它可以用于计算有限项或者无穷项的级数和。symsum 函数的调用格式为：

```
symsum(S) % S 是级数的表达式
symsum(S,k) % k 是用于求和的符号变量
symsum(S,a,b) % 表示对 a、b 之间的自然数进行求和
symsum(S,k,a,b) % 表示针对符号变量 k、级数 S，对 a、b 之间的数进行求和
```

需要注意的是，这里的 a 和 b 可以为负数和小数。当它们为小数时，MATLAB 将向零取

整。对于无限项级数求和,只需将 b 赋值为 inf 就可以。

下面通过一个例题来说明 symsum 函数的用法。

【例 6.9】求常数项级数 $\sum\limits_{n=3}^{\infty} \dfrac{1}{(n-2)n2^n}$ 的和。

在命令窗口输入以下内容,将会得到结果。

```
>> syms n
>> symsum(1/((n-2)*n*2.^n),3,inf)
ans =
5/16 - (3*log(2))/8
```

在高等数学课程学习中计算级数求和比较难,但若使用 MATLAB,计算级数求和就简单多了。学会 MATLAB 也会有助于解决学习高等数学中遇到的其他的难题。

6.3.2　泰勒级数

泰勒级数是以 1715 年发表了泰勒公式的英国数学家布鲁克·泰勒(Brook Taylor)的名字命名。泰勒级数是用无限项连加式级数来表示一个函数,这些相加的项由函数在某一点的导数求得。泰勒级数的基本形式为

$$f(x) = \sum_{n=0}^{\infty} \frac{f^{(n)}(x_0)}{n!}(x-x_0)^n$$

特别地,当 $x_0 = 0$ 时,则称该级数为麦克劳林级数。

当一个函数在 x_0 的邻域内具有任意阶导数,并且函数的泰勒公式的余项 $R_n(x)$ 在 $n \to \infty$ 时,其极限为 0。则可以把这个函数展开为泰勒级数。由于这个性质,泰勒级数用于近似计算函数的值。

MATLAB 提供了实现泰勒级数展开的函数 taylor,其调用格式为:

```
taylor(fun) % 对符号表达式 fun 在 0 处进行 taylor 展开,展开至第 6 项
taylor(fun,x) % 自变量为 x,对 fun 进行 taylor 展开
taylor(fun,x,'ExpansionPoint',x0,'Order',n)
% 在 x0 处,对 fun 展开到第 n 项
```

下面通过一个例题来介绍 taylor 函数的用法。

【例 6.10】使用 MATLAB 对函数 $f(x,y) = e^x + e^{2y}$ 在 $x=3$ 处展开至第 8 项。

在 MATLAB 的命令窗口中输入以下内容,将得到结果。

```
>> syms x y
>> fun = exp(x) + exp(2*y);
>> taylor(fun,y,'ExpansionPoint',3,'order',8)
ans =
exp(6) + exp(x) + 2*exp(6)*(y-3) + 2*exp(6)*(y-3)^2 + (4*exp(6)*(y-3)^3)/3 + (2*exp(6)*(y-3)^4)/3 + (4*exp(6)*(y-3)^5)/15 + (4*exp(6)*(y-3)^6)/45 + (8*exp(6)*(y-3)^7)/315
```

6.3.3　傅里叶级数

法国数学家傅里叶(Fourier)发现,任何周期函数都可以用正弦函数和余弦函数构成的无

穷级数来表示，这个级数就是傅里叶级数。傅里叶级数是一种特殊的三角级数。傅里叶级数的一般形式是

$$f(x) = \frac{a_0}{2} + \sum_{n=1}^{\infty} (a_n \cos nx + b_n \sin nx)$$

对于给定周期为 $2l$ 的函数 $f(x)$，并且满足收敛定理的条件，则可以将这个函数展开为傅里叶函数。对于定义在周期 $[a, a+T]$ 的函数 $g(x)$，可以对它进行周期延拓，得到一个周期性函数，也可以进行傅里叶展开。对于定义在 $[0, 2l]$ 的函数 $f(x)$，它的傅里叶级数可以表示为

$$f(x) = \frac{a_0}{2} + \sum_{n=1}^{\infty} \left(a_n \cos \frac{n\pi x}{l} + b_n \sin \frac{n\pi x}{l} \right)$$

其中，a_n 和 b_n 可以表示为

$$a_n = \frac{1}{l} \int_{-l}^{l} f(x) \cos \frac{n\pi x}{l} dx, \ n = 0, 1, 2, \cdots$$

$$b_n = \frac{1}{l} \int_{-l}^{l} f(x) \sin \frac{n\pi x}{l} dx, \ n = 1, 2, 3, \cdots$$

傅里叶级数在实际生活中的应用很广，如机械工程中的周期振动问题、电子技术中的周期信号放大问题等。

求解函数的傅里叶级数，则必须先求得其系数 a_n 和 b_n 的值。编写函数 fseries.m 可以计算傅里叶级数。函数文件的内容为：

```
function [A,B,F] = fseries(f,x,n,a,b)
% 用于求解函数的傅里叶级数展开
% n：展开的项数
% a,b：函数自变量一个周期的区间
    if nargin == 3
        a = - pi; b = pi;
    end
    L = (b - a)/2;
    if a + b
        f = subs(f,x,x - L - a); % 变量区域互换
    end
    A = int(f,x, - L,L)/L;
    B = [];
    F = A/2; % 计算 a0
    for i = 1:n
        an = int(f * cos(i * pi * x/L),x, - L,L)/L;
        bn = int(f * sin(i * pi * x/L),x, - L,L)/L;
        A = [A, an];
        B = [B, bn];
        F = F + an * cos(i * pi * x/L) + bn * sin(i * pi * x/L);
```

```
     end
     if a + b
         F = subs(F,x,x + L + a);
     end % 换回变量区域
end
```

在该函数的基础上,下面的命令实现了求函数 $f(x) = e^x$ 在区间 $[0,3]$ 的傅里叶级数。

```
>> syms x
>> y = fseries(exp(x),x,4,0,3)
y =
```
$[2/3 - (2*exp(-3))/3, -(6*exp(-3)*(exp(3) - 1))/(4*pi^2 + 9), (6*exp(-3)*(exp(3) - 1))/(16*pi^2 + 9), -(2*exp(-3)*(exp(3) - 1))/(3*(4*pi^2 + 1)), (6*exp(-3)*(exp(3) - 1))/(64*pi^2 + 9)]$

6.4　积分变换

在数学上,为了把较为复杂的运算转化为较为简单的运算,常常采用变换手段。所谓积分变换,就是通过积分运算把一个函数变成另一个函数,一般是含有参变量的积分。积分变换在数学理论和应用中都是一种非常有用的工具。最常见的积分变换就是傅里叶变换和拉普拉斯变换。当然,还有一些其他的积分变换,如梅林变换和汉克尔变换,它们都可以通过傅里叶变换和拉普拉斯变换转化而来。这一节主要介绍傅里叶变换和拉普拉斯变换的原理及MATLAB 实现。

6.4.1　傅里叶变换及其逆变换

傅里叶变换是信息处理的基本工具,它可以分析信息的成分,傅里叶变换用正弦波作为信号的成分。它在物理学、数论、组合数学、密码学等领域都有广泛的应用。

对于函数 $f(t)$,当它满足狄利克雷(Dirichlet)条件即在一个内连续或者有有限个间断点和极限点且绝对可积,则傅里叶变换公式成立。

傅里叶变换的定义式为

$$F(\omega) = F[f(t)] = \int_{-\infty}^{\infty} f(t) e^{-i\omega t} dt \tag{6.5}$$

傅里叶逆变换的定义式为

$$f(t) = F^{-1}[F(\omega)] = \frac{1}{2\pi} \int_{-\infty}^{\infty} F(\omega) e^{i\omega t} d\omega \tag{6.6}$$

其中,$F(\omega)$ 为 $f(t)$ 的像函数,$f(t)$ 为 $F(\omega)$ 的像原函数。

MATLAB 提供了傅里叶变换的函数 fourier。fourier 函数的调用形式为:

```
fourier(fun)    % fun 是一个函数的表达式
fourier(fun,y)    % y 用来指定输出表达式中以其作为频率的变量,即式(6.5)中的 ω
fourier(fun,x,y)   % x 用来指定 fun 的自变量,即式(6.5)中的 t
```

下面通过实例来介绍 fourier 函数的用法。

```
>> fourier(fun,x,y)
ans =
pi^(1/2) * exp( - t^2) * exp( - y^2/4)
>> fourier(fun)
ans =
pi^(1/2) * exp( - t^2) * exp( - w^2/4)
```

在上面的命令中,如果未指定 fun 的自变量(系统将自动用 symvar 确定自变量)和输出表达式中的变量,系统将默认 x 为 fun 的自变量,w 为输出表达式中的变量。

对于傅里叶逆变换,MATLAB 提供了 ifourier 函数来实现傅里叶逆变换。ifourier 的调用方法与 fourier 类似,即为:

```
ifourier(fun)      % fun 是一个函数的表达式
ifourier(fun,y)    % y 用来指定输出表达式中以其作为频率的变量
ifourier(fun,x,y)  % x 用来指定 fun 的自变量
```

下面通过实例来了解 ifourier 的用法。

```
>> syms a w t real
>> fun = exp( - w^2/(4 * a^2));
>> ifourier(fun, t)
ans =
exp( - a^2 * t^2)/(2 * pi^(1/2) * (1/(4 * a^2))^(1/2))
```

对于离散傅里叶变换,MATLAB 也提供了丰富的函数。其中一些函数如表 6.2 所示。

表 6.2　离散傅里叶变换及逆变换的相关函数

函数	用途
fft	进行一维离散傅里叶变换
fft2	进行二维离散傅里叶变换
fftn	进行 n 维离散傅里叶变换
ifft	进行一维离散傅里叶逆变换
ifft2	进行二维离散傅里叶逆变换
ifftn	进行 n 维离散傅里叶逆变换

6.4.2　拉普拉斯变换及其逆变换

拉普拉斯变换是工程数学中常用的积分变换,又称为拉氏变换。拉普拉斯变换是一个线性变换,它可以将一个函数由引数实数的函数转换为复数 s 的函数。

假设函数 $f(t)$ 在 $t \geqslant 0$ 时有定义,并且积分 $\int_0^{+\infty} f(t)e^{-st}dt$($s$ 是一个复参量)在 s 的某一域内收敛,则由此积分确定函数 $F(s) = \int_0^{+\infty} f(t)e^{-st}dt$,称 $F(s)$ 为函数 $f(t)$ 的拉普拉斯变换式,记为

$$F(s) = L[f(t)] \text{ 或 } f(t) = L^{-1}[F(s)]$$

其中,$F(s)$ 称为 $f(t)$ 的拉普拉斯变换(或象函数),$f(t)$ 称为 $F(s)$ 的拉普拉斯逆变换(或原

函数)。

MATLAB 也提供了有关拉普拉斯变换的函数 laplace。它的调用格式为:

```
laplace(fun)      % fun 为符号表达式
laplace(fun,y)    % fun 为符号表达式,y 为返回函数的自变量
laplace(fun,x,y)  % x 为 fun 函数的自变量,y 为返回函数的变量
```

下面通过实例来介绍 laplace 函数的用法。

```
>> syms a x y
>> fun = exp( - a * x);
>> laplace(fun,x,y)
ans =
1/(a + y)
```

MATLAB 也提供了有关拉普拉斯逆变换的函数 ilaplace,它的调用格式为:

```
ilaplace(fun)      % fun 为符号表达式
ilaplace(fun,y)    % fun 为符号表达式,y 为返回函数的自变量
ilaplace(fun,x,y)  % x 为 fun 函数的自变量,y 为返回函数的变量
```

下面通过实例来介绍它的用法。

```
>> syms a x y
>> fun = 1/(a + y);
>> ilaplace(fun,y,x)
ans =
exp( - a * x)
```

将上面两个实例进行对比,可以发现,通过拉普拉斯逆变换,函数又变回了"exp (- *a* * *x*)"。

6.5　微分方程

微分方程建模是数学建模的主要方法,因为许多实际问题的数学描述将导致求解微分方程产生定解问题。把形形色色的实际问题转化成微分方程定解问题,大体上有以下几步:

(1)根据实际要求确定要研究的量(自变量、未知函数、必要的参数等)并确定坐标系。

(2)找出这些量所满足的基本规律(物理的、几何的、化学的或生物学的等)。

(3)运用这些规律列出方程和定解条件。

MATLAB 在微分模型建模过程中的主要作用是求解微分方程的解析解,将微分方程转化为一般的函数形式。另外,微分方程建模一定要做数值模拟,即根据方程的表达形式,给出变量间关系的图形,做数值模拟也需要用 MATLAB 来实现。

微分方程的形式多样,微分方程的求解也是根据不同的形式采用不同的方法,在建模比赛中,常用的方法有三种:

(1)用 dsolve 求解常见的微分方程解析解。

(2)用 ode 家族的求解器求解数值解。

(3)采用专用的求解器求解。

6.5.1 常用微分方程的表达方法

微分方程在 MATLAB 中有固定的表达方式,这些基本的表达方式如表 6.3 所示。

表 6.3 MATLAB 中微分方程的基本表达方式

函数名	函数功能
Dy	表示 y 关于自变量的一阶导数
D2y	表示 y 关于自变量的二阶导数
dsolve('equ1','equ2',…)	求微分方程的解析解,equ1、equ2……为方程(或条件)
simplify(s)	对表达式 s 使用代数化简规则进行化简
[r,how]=simple(s)	simple 命令就是对表达式 s 用各种规则进行化简,然后用 r 返回最简形式,how 为返回形成这种形式所用的规则
[T,Y]=solve(odefun,tspan,y0)	求微分方程的数值解,其中 solve 替换为 ode45、ode23、ode113、ode15s、ode23s、ode23t、ode23tb 之一时 odefun 是显式微分方程:$\begin{cases} \dfrac{\mathrm{d}y}{\mathrm{d}t}=f(t,y) \\ y(t_0)=y_0 \end{cases}$。在积分区间 tspan $=[t_0,t_f]$ 上,从 t_0 到 t_f,用初始条件 y_0 求解,要获得微分方程在其他指定时间点 t_0、t_1、t_2…… 上的解,则令 tspan$=[t_0,t_1,t_2,\cdots,t_f]$(要求是单调的)
ezplot$(x,y,[tmin,tmax])$	符号函数的作图命令。x、y 为关于参数 t 的符号函数;[tmin,tmax]为 t 的取值范围

6.5.2 常用微分方程的求解实例

对于通常的微分方程,一般需要先求解析解,那么 dsolve 是首先考虑的求解器,因为 dsolve 能够求解析解。具体用法见实例。

【例 6.11】求微分方程 $xy'+y-\mathrm{e}^x=0$ 在初始条件 $y(1)=2\mathrm{e}$ 下的特解,并画出解函数的图形。

本例的 MATLAB 程序如下,图形如图 6.1 所示。

```
>> syms x y
>> y = dsolve('x * Dy + y − exp(x) = 0','y(1) = 2 * exp(1)','x')
y =
(exp(1) + exp(x))/x
>> ezplot(y)
>> ylabel('y')
>> xlabel('x')
```

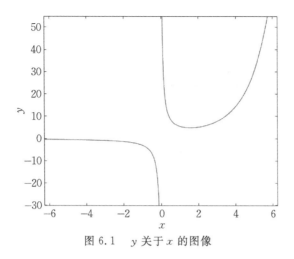

图 6.1　y 关于 x 的图像

6.5.3　ODE 家族求解器

1. ODE 求解器的分类

如果微分方程的解析形式求解不出来,那么退而求其次的办法就是求解数值解,这个时候就需要用常用微分方程(ordinary differential equation,ODE)家族求解器求解微分方程的数值解了。

没有一种算法可以有效地解决所有的 ODE 问题,为此,MATLAB 提供了多种求解器。对于不同的 ODE 问题,采用不同的求解器(solver)。MATLAB 中常用的微分方程的数值解的求解器及特点如表 6.4 所示。

表 6.4　MATLAB 中常用的 ODE 求解器及特点的说明

求解器	ODE 类型	特点	说明
ode45	非刚性	单步算法;四、五阶龙格-库塔方程;累计截断误差达 $(\Delta x)^3$	大部分场合的首选算法
ode23	非刚性	单步算法;二、三阶龙格-库塔方程;累计截断误差达 $(\Delta x)^3$	适用于精度较低的情形
ode113	非刚性	多步法;亚当斯(Adams)算法;高低精度均可达到 $10^{-3} \sim 10^{-6}$	计算时间比 ode45 短
ode23t	适度刚性	采用梯形算法	适度刚性情形
ode15s	刚性	多步法;吉尔(Gear)反向数值微分;精度中等	当 ode45 失效时,可尝试使用
ode23s	刚性	单步法;二阶罗森布罗克(Rosenbrock)算法;低精度	当精度较低时,计算时间比 ode15s 短
ode23tb	刚性	梯形算法;低精度	当精度较低时,计算时间比 ode15s 短

特别地,ode23、ode45 是极其常用的用来求解非刚性标准形式一阶常用微分方程(组)初值问题的解的 MATLAB 程序,其中:

(1)ode23 采用龙格-库塔二阶算法,用三阶公式作误差估计来调节步长,具有低等的精度。

（2）ode45 则采用龙格-库塔四阶算法，用五阶公式作误差估计来调节步长，具有中等的精度。

2．ODE 求解器的应用实例

【例 6.12】导弹追踪问题。设位于坐标原点的甲舰向位于 x 轴上点 $A(1,0)$ 处乙舰发射导弹，导弹头始终对准乙舰。如果乙舰以最大的速度 v_0（是常数）沿平行于 y 轴的直线行驶，导弹的速度是 $5v_0$，求导弹运行的曲线方程，以及乙舰行驶多远时，导弹将击中它。

记导弹速度为 ω，乙舰的速度恒为 v_0。设 t 时刻乙舰的坐标为 $(X(t),Y(t))$，导弹的坐标为 $(x(t),y(t))$。当零时刻时，$(X(0),Y(0))=(1,0)$，$(x(t),y(t))=(0,0)$，建立微分方程模型，即

$$\left.\begin{aligned}\frac{\mathrm{d}x}{\mathrm{d}t}&=\frac{\omega}{\sqrt{(X-x)^2+(Y-y)^2}}(X-x)\\\frac{\mathrm{d}y}{\mathrm{d}t}&=\frac{\omega}{\sqrt{(X-x)^2+(Y-y)^2}}(Y-y)\end{aligned}\right\}$$

因为乙舰以速度 v_0 沿直线 $x=1$ 运动，设 $v_0=1$，$\omega=5$，$X=1$，$Y=t$，因此导弹运动轨迹的参数方程为

$$\left.\begin{aligned}\frac{\mathrm{d}x}{\mathrm{d}t}&=\frac{5}{\sqrt{(1-x)^2+(t-y)^2}}(1-x)\\\frac{\mathrm{d}y}{\mathrm{d}t}&=\frac{5}{\sqrt{(1-x)^2+(t-y)^2}}(t-y)\\x(0)&=0,y(0)=0\end{aligned}\right\}$$

MATLAB 求解数值解的程序如下：

（1）定义方程的函数形式。

```
function dy = eq2( t,y )
dy = zeros(2,1);
dy(1) = 5 * (1 - y(1))/sqrt((1 - y(1))^2 + (t - y(2))^2);
dy(2) = 5 * (t - y(2))/sqrt((1 - y(1))^2 + (t - y(2))^2);
end
```

（2）求解微分方程的数值解程序如下所示，脚本运行后得到如图 6.2 所示的导弹拦截路径图。

```
>> t0 = 0;
>> tf = 0.21;
>> [t,y] = ode45('eq2',[t0 tf],[0 0]);
>> X = [1,1];
>> Y = [0,0.21];
>> plot(X,Y,'-'),hold on
>> plot(y(:,1),y(:,2),'*')
```

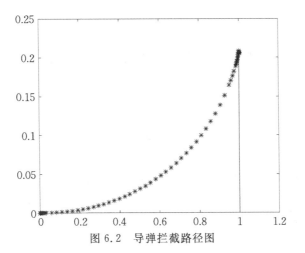

图 6.2 导弹拦截路径图

第7章 概率与统计

7.1 概率分布

连续型随机变量的分布,可以用概率密度函数和分布函数来表示。分布函数 $F(x)$ 的意义,是随机变量 A 落入 $(-\infty, x)$ 的概率。将分布函数记作 $F(x)$,$F(x) = \int_{-\infty}^{x} f(x)\mathrm{d}x$,其中的 $f(x)$ 是概率密度函数。由定义可得,$f(x) \geqslant 0$,$\int_{-\infty}^{+\infty} f(x)\mathrm{d}x = 1$。本节将介绍常见分布的概率密度函数与分布函数,并介绍在给定参数的情况下如何在 MATLAB 中计算具体的函数值。

7.1.1 常见分布的概率密度函数与分布函数

1. 均匀分布

若一个随机变量 X 在区间 (a, b) 上服从均匀分布,则记作 $X \sim U(a, b)$。均匀分布的概率密度函数为

$$f(x) = \begin{cases} \dfrac{1}{b-a}, & a < x < b \\ 0, & \text{其他} \end{cases}$$

如图 7.1 所示。由之前所述的概率分布函数的计算方法,容易得到均匀分布的概率分布函数

$$F(x) = \begin{cases} 0, & x < a \\ \dfrac{x-a}{b-a}, & a \leqslant x < b \\ 1, & x \leqslant b \end{cases}$$

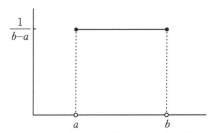

图 7.1 均匀分布的概率密度函数

2. 指数分布

若一个随机变量 X 的概率密度函数为

$$f(x) = \begin{cases} \lambda \mathrm{e}^{-\lambda x}, & x > 0, \lambda \text{ 为常数且大于 } 0 \\ 0, & \text{其他} \end{cases}$$

如图 7.2 所示,则 X 服从参数为 λ 的指数分布,记作 $X \sim e(\lambda)$。X 的分布函数为

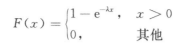

$$F(x) = \begin{cases} 1 - \mathrm{e}^{-\lambda x}, & x > 0 \\ 0, & \text{其他} \end{cases}$$

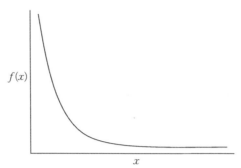

图 7.2　指数分布的概率密度函数

3. 正态分布

正态函数是一种自然界很常见的分布,如果一个随机变量 X 服从参数为 μ、σ 的正态分布 (记作 $X \sim N(\mu, \sigma^2)$),那么它的概率密度函数 $f(x) = \dfrac{1}{\sqrt{2\pi}\,\sigma} \mathrm{e}^{-\frac{(x-\mu)^2}{2\sigma^2}}$,如图 7.3 所示。

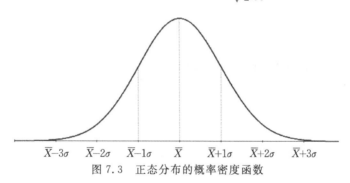

图 7.3　正态分布的概率密度函数

4. 泊松分布

泊松分布适合于描述单位时间内随机事件发生次数的离散型概率分布。它的概率分布为 $P(X = k) = \dfrac{\mathrm{e}^{-\lambda} \lambda^k}{k!}$。如果一个随机变量 X 服从参数为 λ 的泊松分布,则一般记作 $X \sim P(\lambda)$。

5. 二项分布

在概率论和统计学里,带有参数 n 和 p 的二项分布表示的是 n 次独立试验的成功次数的概率分布。在每次独立试验中只取两个值,表示试验成功的值的概率为 p,那么表示试验不成功的值的概率为 $1 - p$。这样一种判断成功和失败的二值试验又叫作伯努利试验。特殊地,当 $n = 1$ 的时候,该二项分布称为伯努利分布。

7.1.2　求解概率问题的方法

根据随机变量分布函数的意义,可以采用分布函数来求随机变量落入某一区间的概率。例如,$P(x_1 \leqslant x < x_2)$ 的值,可以用 $F(x_2) - F(x_1)$ 求出。针对常见的随机变量分布,MATLAB 中已经提供了用来计算其分布函数具体值的函数;针对某一给定的分布,也可以采用符号变量的手段来计算。

表 7.1 总结了常见离散型随机变量的概率密度函数。

表 7.1　常见离散型随机变量的概率密度函数

函数	对应分布
Y＝binopdf(X, N, P)	二项分布
Y＝geopdf(X, P)	几何分布
Y＝hygepdf(X, M, K, N)	超几何分布
Y＝poisspdf(X, lambda)	泊松分布

【例 7.1】某人进行射击,设每次命中的概率为 0.01,独立射击 500 次,试求至少击中两次的概率。

代码如下:

```
>> sum = 0;
>> for k = 2:500
y(k) = binopdf(k, 500, 0.01);
sum = sum + y(k);
end
>> sum
sum =
    0.960 2
```

【例 7.2】设袋中有 10 个球,其中 3 个是红球,7 个是白球。从中取 5 个球,其中一个球是红球的概率是多少?

代码如下:

```
>> for k = 1:4
p(k) = hygepdf(k - 1, 10, 3, 5);
end
>> p
p =
    0.083 3    0.416 7    0.416 7    0.083 3
>> p(2)
ans =
    0.416 7
```

常见连续型随机变量的概率密度函数可参见表 7.2。

表 7.2　常见连续型随机变量的概率密度函数

函数	对应分布
Y＝exppdf(X, mu)	指数分布
Y＝normpdf(X, mu, sigma)	正态分布
Y＝unifpdf(X, a, b)	均匀分布

可以看出,概率密度函数在 MATLAB 中的命名采取分布简称＋"pdf"(probability density function)的形式。

常见随机变量的分布函数如表 7.3 所示。

表 7.3　常见分布函数

函数	对应分布
Y＝binocdf(X, N, P)	二项分布
Y＝geocdf(X, P)	几何分布
Y＝hygecdf(X, M, K, N)	超几何分布
Y＝poisscdf(X, lambda)	泊松分布
Y＝expcdf(X, mu)	指数分布
Y＝normcdf(X, mu, sigma)	正态分布
Y＝unifcdf(X, a, b)	均匀分布
Y＝chi2cdf(X, v)	χ^2（卡方）分布
Y＝fcdf(X, v1, v2)	F 分布
Y＝tcdf(X, v)	t 分布

可以看出,分布函数在 MATLAB 中的命名采取分布简称＋"cdf"(cumulative distribution function)的形式。

【例 7.3】设电阻值 R 是一个随机变量,均匀分布在 $900\sim1\,100\ \Omega$。求 R 的概率密度及 R 落在 $950\sim1\,050\ \Omega$ 的概率。

代码如下:

```
>> syms x;
>> fx = 1/(1100 - 900)
fx =
    0.0050
>> p1 = unifcdf(950,900,1100);
>> p2 = unifcdf(1050,900,1100);
>> p = p2 - p1
p =
    0.5000
```

【例 7.4】研究了英格兰在 1875—1951 年期间,矿山发生 10 人或 10 人以上死亡的事故的频繁程度,得知相继两次事故之间的时间 T(以日计)服从指数分布,其概率密度为

$$f_T(t)=\begin{cases}\dfrac{1}{240}\mathrm{e}^{-\frac{t}{241}}, & t>0 \\ 0, & \text{其他}\end{cases}$$

求 $P\{50<T<100\}$。

代码如下:

```
>> p1 = expcdf(50, 240);
>> p2 = expcdf(100, 240);
>> p = p2 - p1
p =
    0.152 7
```

7.1.3　随机数

MATLAB 提供了一些能够生成随机数的矩阵,这些矩阵的元素服从特定的分布,如表 7.4

所示。其中 shape 表示与矩阵维度有关的参数,如"rand(5,3,6,2)"和"rand([5 3 6 2])"都代表生成"5 * 3 * 6 * 2"大小的矩阵。

表 7.4   MATLAB 中生成随机数矩阵的函数

函数	意义
rand(shape)	返回的矩阵中的元素服从从 0 到 1 的均匀分布
randn(shape)	返回的矩阵中的元素服从标准正态分布
unifrnd(a, b, shape)	返回的矩阵中的元素服从从 a 到 b 的均匀分布
binornd(n, p, shape)	返回的矩阵中的元素服从二项分布
exprnd(lambda, shape)	返回的矩阵中的元素服从指数分布
normrnd(mu, sigma, shape)	返回的矩阵中的元素服从正态分布
chi2rnd(n, shape)	返回的矩阵中的元素服从 χ^2(卡方)分布
trnd(n, shape)	返回的矩阵中的元素服从 t 分布
frnd(m, n, shape)	返回的矩阵中的元素服从 F 分布

通过下述代码可以观察 randn 函数是否服从标准正态分布:

```
>> X = randn(50000, 1);
>> hist(X, 100);
```

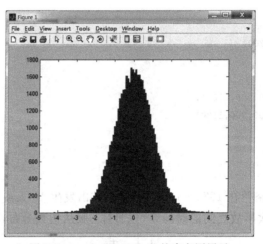

图 7.4   randn(50 000, 1)的直方图展示

得到的直方图(图 7.4)与正态函数的概率密度曲线比较相似。

7.1.4   分位点

设随机变量 X 服从标准正态分布,对于任意给定的 $\alpha(0 < \alpha < 1)$,有 $P(X > z_a) = \alpha$,则称 z_a 为标准正态分布上的 α 分位点。容易得到,$\Phi(z_a) = P\{X \leqslant z_a\} = 1 - \alpha$。给定 α 的值,要得到 z_a,可以查阅标准正态分布分位数表。

7.2   统计量

7.2.1   数学期望与方差

数学期望,又称为均值,是试验中每个可能出现的结果乘以出现概率的总和。设连续型随机变量的概率密度函数为 $f(x)$，则该连续型随机变量的数学期望为 $\text{int}(xf(x))$。方差是随机变量的另一个重要特征，它表示了数据的波动情况，方差越大，则随机变量与数学期望之间的偏离越大。

方差(D)与数学期望(E)之间满足 $D(\boldsymbol{X}) = E(\boldsymbol{X}^2) - (E(\boldsymbol{X}))^2$ 的关系。$\sqrt{D}$ 为标准差。

如果已知一个由随机变量的样本组成的向量 $\boldsymbol{X} = [x_1\ x_2\ x_3\ x_4\ \cdots\ x_n]$，则在 MATLAB 中，可以用 mean($\boldsymbol{X}$) 求这个随机变量的的数学期望，用 var($\boldsymbol{X}$) 或 var($\boldsymbol{X}$, 0) 求样本方差的无偏估计值，用 var($\boldsymbol{X}$, 1) 求它的总体方差。std 函数用于求标准差，用法与 var 相同。例如：

```
>> X = [4.98 4.96 5.03 5.02 4.97 5.06 4.98];
>> mean(X) % 求均值
ans =
    5
>> var(X) % 求样本方差的无偏估计值,等同于 var(X, 0)
ans =
    0.001 4
>> std(X) % 求样本标准差的无偏估计值,等同于 std(X, 0)
ans =
    0.037 0
```

下面通过一个具体的应用例子来说明如何在 MATLAB 中计算数学期望与方差。

【例 7.5】设甲、乙两射手一次射击的得分分别为 X、Y，其分布律如表 7.5 和表 7.6 所示。试比较两人的射击技术。

表 7.5　甲选手射击得分分布律

X	6	7	8	9	10
P_i	0.05	0.1	0.2	0.5	0.15

表 7.6　乙选手射击得分分布律

Y	6	7	8	9	10
P_i	0.1	0.1	0.15	0.6	0.05

代码如下：

```
>> X = [6 7 8 9 10];
>> Px = [0.05 0.1 0.2 0.5 0.15];
>> sum(X .* Px)
ans =
    8.600 0
>> Y = [6 7 8 9 10];
>> Py = [0.1 0.1 0.15 0.6 0.05];
>> sum(Y .* Py)
ans =
    8.400 0
```

8.6>8.4，因此甲的射击技术好。

下面的例子介绍了如何计算离散型随机变量的期望。

【例 7.6】已知随机变量的分布律为

$$P\{X=k\}=\frac{1}{2^k},\ k=1,\ 2,\ \cdots,\ n$$

计算 $E(X)$。

$$E(X)=\sum_{k=1}^{\infty}\frac{k}{2^k}$$

```
>> syms k;
>> Ex = symsum(k / (2^k), k, 1, inf)
Ex =
2
```

对于连续型随机变量，如果给定了常见分布，可以调用 MATLAB 提供的函数直接得出期望与方差。函数名称往往是分布简称＋"stat"，如 normstat、binostat 等。

例如：已知随机变量 X 服从 $t(5)$ 分布，求其数学期望与方差。

```
>> [m v] = tstat(5)
m =
    0
v =
    1.666 7
```

如果给定的是函数的概率密度，则可以通过定义符号变量求积分的方式，计算其数学期望与方差。

【例 7.7】设随机变量 X 的概率密度为 $f(x)=\dfrac{1}{\pi\sqrt{1-x^2}}$，$|x|<1$，求其数学期望与方差。

代码如下：

```
>>syms x;
>>f = 1/(pi * sqrt(1 - x^2))
f =
1/(pi * (1 - x^2)^(1/2))
>>Ex = int(x * f, x, -1,1)
Ex =
0
>>Dx = int(x^2 * f, x, -1, 1)
Dx =
1/2
```

7.2.2　协方差与相关系数

协方差是两个随机变量之间相互联系的一个特征。

设 X、Y 为两个随机变量，定义协方差为

$$\mathrm{cov}(X,Y)=E([X-E(X)][Y-E(Y)])$$

$$=E(XY-XE(Y)-YE(X)+E(X)E(Y))$$
$$=E(XY)-E(X)E(Y)-E(Y)E(X)+E(X)E(Y)$$
$$=E(XY)-E(X)E(Y)$$

如果 $E(X)$ 和 $E(Y)$ 相互独立,则 $\text{cov}(X,Y)=0$,即 $E(XY)=E(X)E(Y)$。

根据协方差的定义,还可以推断出 $D(X\pm Y)=D(X)\pm 2\text{cov}(X,Y)+D(Y)$。

MATLAB 中通过 cov 函数计算协方差。当参数只有一个时,cov 计算参数矩阵的各个列之间的协方差。当参数有两个时,cov 返回协方差矩阵。

【例 7.8】计算两个向量 A、B 的协方差。$A=[3\ 8\ 2]$,$B=[1\ 10\ -5]$。

代码如下:

```
>> A = [3 8 2];
>> B = [1 10 -5];
>> cov(A, B)
ans =
   10.333 3   23.500 0
   23.500 0   57.000 0
```

设 X、Y 为两个随机变量,若 $D(X)$、$D(Y)$ 均存在且大于 0,则定义 $\text{rho}(XY)=\text{cov}(X,Y)/(\text{sqrt}(D(X))\times\text{sqrt}(D(Y)))$,称 $\text{rho}(XY)$ 为 X 和 Y 的相关系数。当 $\text{rho}(XY)$ 接近 0 时,X 和 Y 没有线性关系,当 $\text{rho}(XY)$ 接近 1 时,X 和 Y 呈正相关;当 $\text{rho}(XY)$ 接近 -1 时,X 和 Y 呈负相关。

在 MATLAB 中,corrcoef 函数用来计算相关系数矩阵。

【例 7.9】计算 A 的相关系数矩阵。

代码如下:

```
>> A=[1 2 3;4 0 -1;1 3 9]
A =
   1    2    3
   4    0   -1
   1    3    9
>> C1 = corrcoef(A)        % 求矩阵 A 的相关系数矩阵
C1 =
   1.000 0   -0.944 9   -0.803 0
  -0.944 9    1.000 0    0.953 8
  -0.803 0    0.953 8    1.000 0
>> C1 = corrcoef(A(:,2),A(:,3))      % 求 A 的第 2 列与第 3 列列向量的相关系数矩阵
C1 =
   1.000 0    0.953 8
   0.953 8    1.
```

7.2.3　偏度与峰度

偏度是统计数据倾斜方向和程度的度量,是描述统计数据分布非对称程度的一个数学特

征,定义为三阶标准化矩：$\mathrm{skew}(X) = E\left[\left(\dfrac{x-\mu}{\sigma}\right)^3\right] = \dfrac{E[x^3] - 3\mu\sigma^2 - \mu^3}{\sigma^3}$。

当右侧分布占多数时,称为右偏或正偏分布,偏度大于 0；当左侧分布占多数时,称为左偏或负偏分布,偏度小于 0。偏度等于 0 时,左右分布相等。

在 MATLAB 中,使用 skewness 函数计算分布的偏度。

【例 7.10】生成一个服从标准正态分布的 5×4 的矩阵 **X**,计算每列的偏度。

代码如下：

```
>> X = randn(5, 4)
X =
   -0.432 6    1.190 9   -0.186 7    0.113 9
   -1.665 6    1.189 2    0.725 8    1.066 8
    0.125 3   -0.037 6   -0.588 3    0.059 3
    0.287 7    0.327 3    2.183 2   -0.095 6
   -1.146 5    0.174 6   -0.136 4   -0.832 3
>> y = skewness(X)
y =
   -0.275 2    0.256 9    0.906 6    0.263 2
```

峰度又称峰态系数,是概率密度分布曲线在平均值处峰值高低的特征数。直观来看,峰度反映了峰部的尖度。随机变量的峰度定义为随机变量的四阶中心矩与方差平方的比值：$\mathrm{kurt}(X) = E\left[\left(\dfrac{x-\mu}{\sigma}\right)^4\right] = \dfrac{E[(x-\mu)^4]}{(E[(x-\mu)^2])^2}$。正态分布的峰度值等于 3,小于 3 的称为"thin tail",大于 3 的称为"fat tail"。

MATLAB 中使用 kurtosis() 函数计算峰度。

【例 7.11】生成一个服从标准正态分布的 5×4 的矩阵 **X**,计算每列的峰度。

代码如下：

```
>> X = randn(5, 4)
X =
    0.294 4    0.858 0   -0.399 9    0.668 6
   -1.336 2    1.254 0    0.690 0    1.190 8
    0.714 3   -1.593 7    0.815 6   -1.202 5
    1.623 6   -1.441 0    0.711 9   -0.019 8
   -0.691 8    0.571 1    1.290 2   -0.156 7
>> y = kurtosis(X)
y =
    1.728 1    1.235 4    2.716 3    2.028 8
```

7.3　参数估计

参数估计,是根据从总体中抽取的样本,来估计总体分布的参数的方法。参数估计有两种形式,即点估计和区间估计。

7.3.1　点估计

1. 矩估计

矩估计是常用的估计总体参数的点估计方法之一,首先推导要估计参数总体矩的方程,然后用已知的一个样本去估计总体矩,用样本矩替代总体矩,求出参数的估计值。例如,样本均值 $\overline{X}$ 依概率收敛于 $E(X)$,因此可以用 $\overline{X}$ 去替代方程中的 $E(X)$,这也是在矩估计中最常用的一种替代方式。 矩估计是英国统计学家卡尔·皮尔逊(Karl Pearson)在 1894 年提出的,是历史上较早的点估计方法之一。

【例 7.12】设总体 X 的均值 μ 和方差 σ^2 都存在,并且 $\sigma^2 > 0$,μ 和 σ 均未知。现有 X 的 8 个样本:$0.7,2.3,1.7,3.2,1.5,2.8,0.9,2.5$,求 μ 和 σ^2 的矩估计值。

总体矩 $E(X) = \mu$,$D(X) = \sigma^2$,列出总体矩的方程,易解得 $\mu = \overline{X}$,$\sigma^2 = S_n^2$。

在 MATLAB 中计算 $\overline{X}$ 和 S_n^2。 代码如下:

```
>> X = [0.7,2.3,1.7,3.2,1.5,2.8,0.9,2.5];
>> mean(X)
ans =
    1.950 0
>> var(X)
ans =
    0.805 7
```

可得 μ 的矩估计量为 1.95,σ^2 的矩估计量约为 $0.805\ 7$。

2. 极大似然估计

给定一个概率分布,已知其概率密度函数(连续分布) f_D 及一个分布参数 θ,可以从这个分布中抽出一个具有 n 个值的样本,利用其计算出似然函数:$L(x_1, x_2, \cdots, x_n; \theta_1, \theta_2 \cdots \theta_n) = \prod_{i=1}^{n} f(x_i; \theta_1, \theta_2, \cdots, \theta_k)$,我们要在 θ 的所有可能取值中寻找一个值使得似然函数取到最大值。当 L 可微时,可以通过求偏导数的方式求解 θ,使得似然函数 L 最大。

MATLAB 中提供了 mle 函数来根据样本观测值求指定分布参数的极大似然估计值和置信区间。mle 函数有多种调用形式,常用的两种如下所示:

```
mle(data, 'distribution', dist, ['alpha', cl])
```

其中,data 为样本值矩阵;字符串"distribution"表示在已知分布的前提下想要求极大似然估计值;变量 dist 表示分布简称,如取值"norm"表示正态分布;"alpha"表示给定置信水平;变量"cl"为显著性水平,如 0.1 表示置信水平为 90%。

```
mle(data, 'pdf', pdf, 'start', start)
```

其中,data 为样本值矩阵;字符串"pdf"表示在已知概率密度函数的前提下想要求极大似然估计值;变量 pdf 表示具体的概率密度函数,是一个函数句柄;"start"表示猜测的分布参数值。

【例 7.13】已知总体 X 符合正态分布 $N(\mu, \sigma^2)$,现有 X 的 10 个样本,求 μ 和 σ^2 的极大似然估计值。

代码如下：

```
>> X = [10.02 9.95 10.04 10.03 9.98 9.85 9.96 10.1 9.92 10.12];
>> mle(X, 'distribution', 'norm')
ans =
    9.997 0    0.077 9
```

7.3.2　区间估计

区间估计是参数估计的另一种形式。和点估计相比，在给定一个"可信度"的情况下，区间估计能给出参数的一个估计区间。这里的"可信度"即为区间估计的置信度，区间估计得到的区间称为置信区间。

在给定分布的情况下，要求一个参数的置信区间，可以使用上一小节提到的 mle 函数得到。除此之外，MATLAB 的统计工具箱还提供了很多形如分布简称＋"fit"的函数（如用于正态分布的 normfit 函数），专门用来解决符合某一分布的区间估计问题。这些函数与 mle 函数的算法不同，所以即使给定同一分布，得到的结果也有些许差异。当样本数量比较小的时候，采用分布简称＋"fit"的函数效果较好。

以 normfit 函数为例介绍函数用法：

```
[muhat,sigmahat] = normfit(data)
```

其中，"data"为样本矩阵，"muhat"和"sigmahat"分别为估计的 μ 和 σ（不是 σ^2）值。

```
[muhat,sigmahat,muci,sigmaci] = normfit(data,alpha)
```

其中，"alpha"为显著性水平，"muci"和"sigmaci"为在给定显著性水平条件下的 μ 和 σ 各自的置信区间。

【例 7.14】设某种清漆的 9 个样品，其干燥时间（以小时计）分别为 6.0、5.7、5.8、6.5、7.0、6.3、5.6、6.1、5.0，设干燥时间总体服从正态分布 $N(\mu, 0.6^2)$，求 μ 的置信水平为 0.95 的置信区间。

代码如下：

```
>> t = [6.0 5.7 5.8 6.5 7.0 6.3 5.6 6.1 5.0];
>> [muhat, sigmahat, muci, sigmaci] = normfit(t, 0.05)
muhat =
    6
sigmahat =
    0.574 5
muci =
    5.558 4
    6.441 6
sigmaci =
    0.388 0
    1.100 5
```

μ 的置信水平为 95％的置信区间为（5.558 4，6.441 6）。

7.4　假设检验

统计学中的假设,是针对一个或多个总体的分布或参数进行的假设。假设检验,则是对假设的正确性进行检验与判断。要检验其正确性的假设,称为零假设或原假设,由研究者决定,反映了研究者对于未知参数的观点和看法。相对于零假设的是备择假设,备择假设往往与零假设对立。在确定了零假设与备择假设之后,就要根据从样本中得出的信息来做出接受或拒绝零假设的判断。

假设检验大致有如下步骤:

(1)提出与未知参数相关的零假设和备择假设。

(2)考虑检验中对样本做出的统计假设。

(3)决定哪种检验是合适的,并确定相关检验统计量。

(4)在零假设下推导检验统计量的分布。

(5)选择一个显著性水平 α,若低于这个概率阈值,就会拒绝零假设,最常用的是 5% 和 1%。

(6)根据零假设成立时检验统计量的分布,找到数值最接近备择假设,并且概率为显著性水平 α 的区域,此区域称为"拒绝域",意思是在零假设成立的前提下,落在拒绝域的概率只有 α。

(7)针对检验统计量,根据样本计算其估计值。

(8)若估计值没有落在拒绝域,则接受零假设;若估计值落在"拒绝域",则拒绝零假设,接受备择假设。

MATLAB 提供了一系列名称类似分布名+"test"的函数,如表 7.7 所示。

表 7.7　假设检验函数

函数	作用
ztest	单样本 z 检验(σ^2 已知,关于 μ 的检验)
ttest	单样本 t 检验(σ^2 未知,关于 μ 的检验)
vartest	单样本 χ^2 检验(μ 未知,关于 σ^2 的检验)
ztest2	双样本 z 检验(σ_1^2、σ_2^2 已知,关于 $\mu_1 - \mu_2$ 的检验)
vartest2	双样本 F 检验(μ_1、μ_2 未知,关于 $\sigma_1^2 = \sigma_2^2$ 的检验)

以 ttest 函数为例介绍单样本假设检验函数的用法。

```
[h, p, ci, zval] = ttest(x, m, alpha, value)
```

其中,参数 x 表示样本矩阵;m 表示原假设中提出的参数值;"alpha"表示显著性水平;"value"表示备择假设的情况[value=0(默认值),则备择假设为 $\mu \neq m$;value=1,则备择假设为 $\mu > m$;value =-1,则备择假设为 $\mu < m$]。返回值 p 表示在原假设为真的情况下,得到的观察值概率。当 p 很小时,有理由拒绝原假设。返回值 h 表示判断结果:$h = 0$ 表示在显著性水平为"alpha"的情况下,不能拒绝原假设;$h = 1$ 表示在显著性水平为"alpha"的情况下,可以拒绝原假设。"ci"为未知参数置信水平为"$1-$alpha"的置信区间,"zval"为 z 统计量的值。返回值"p""ci""zval"都是可选的,即表达式可以只写成:

```
h = ttest(x, m, alpha, value)
```

【例7.15】某部门对当前市场的价格情况进行调查,以鸡蛋为例,抽查全省 20 个集市,售价分别为(单位:元/500 克)

| 3.05 | 3.31 | 3.34 | 3.82 | 3.30 | 3.16 | 3.84 | 3.10 | 3.90 | 3.18 |
| 3.88 | 3.22 | 3.28 | 3.34 | 3.62 | 3.28 | 3.30 | 3.22 | 3.54 | 3.30 |

已知往年的平均售价一直稳定在 3.25 元/500 克左右,在显著性水平 0.025 下,能否认为全省当前的鸡蛋售价明显高于往年?

代码如下:

```
>> x = [3.05,3.31,3.34,3.82,3.30,3.16,3.84,3.10,3.90,3.18,…
3.88,3.22,3.28,3.34,3.62,3.28,3.30,3.22,3.54,3.30];
>> [h,p,ci,tval] = ttest(x,3.25,0.025,1)
h =
    1
p =
  0.011 4
ci =
  3.273 1        Inf
tval =
    tstat: 2.476 3      df: 19
```

运算结果显示全省当前的鸡蛋售价明显高于往年。

对于双样本的假设检验,以下面的问题为例进行介绍。

【例7.16】测得两批小学生的身高(单位:厘米)为:

第一批:140,138,143,142,144,137,141;

第二批:135,140,142,136,138,140。

设这两个相互独立的总体都服从正态分布,并且方差相同,试判断这两批学生的平均身高是否相等($\alpha = 0.05$)。

代码如下:

```
>> x = [140, 138, 143, 142, 144, 137, 141];
>> y = [135, 140, 142, 136, 138, 140];
>> [h, p, ci, stats] = ttest2(x, y)
h =
    0
p =
  0.155 5
ci =
  - 0.981 6     5.410 2
stats =
    tstat: 1.525 0
      df: 11
      sd: 2.609 9
```

返回值中的 $h = 0$,说明在显著性水平 $\alpha = 0.05$ 的条件下,不能拒绝"两批学生的平均身高相等"这一假设。

7.5　马尔可夫链

对事件全面的预测,不仅要能够指出事件发生的各种可能结果,还必须给出每种结果出现的概率。马尔可夫(Markov)预测法,就是一种预测事件发生概率的方法,它是基于马尔可夫链原理,根据事件的目前状况预测其将来各个时刻(或时期)变动状况的一种预测方法,马尔可夫预测法是对地理事件进行预测的基本方法,它是地理预测中常用的重要方法之一。马尔可夫链是离散状态的马尔可夫过程,是由俄国数学家马尔可夫在 1896 年提出和研究的,其应用十分广泛,主要涉及计算机、通信、自动控制、随机服务、可靠性生物学、公共卫生与预防医学、经济、管理、教育、气象物理、化学等。

7.5.1　马尔可夫链的定义

设随机过程 $\{X(t)\mid t\in T\}$ 的状态空间 S 是有限集或可列集,对于 T 内任意 $n+1$ 个参数 $t_1<t_2<\cdots<t_n<t_{n+1}$ 和 S 内任意 $n+1$ 个状态 $j_1,j_2,\cdots,j_n,j_{n+1}$,如果条件概率恒成立,即

$$P\{X(t_{n+1})=j_{n+1}\mid X(t_1)=j_1,X(t_2)=j_2,\cdots,X(t_n)=j_n\}$$
$$=P\{X(t_{n+1})=j_{n+1}\mid X(t_n)=j_n\} \tag{7.1}$$

则称此过程为马尔可夫链,式(7.1)称为马尔可夫性,或称无后效性。

马尔可夫性的直观含义可以解释如下:将 t_n 作为现在时刻,那么 t_1、$t_2\cdots t_{n-1}$ 就是过去时刻,而 t_{n+1} 就是将来时刻。所以式(7.1)是说,当已知系统现在情况的条件下,系统将来的发展变化与系统的过去无关,我们称之为无后效性,许多实际问题都具有这种无后效性。例如,生物遗传基因从这一代到下一代的转移中仅依赖于这一代而与以往各代无关。

注意:$t_1,t_2,\cdots,t_{n-1}$ 不需要时间间隔相等。

马尔可夫的状态空间 S 是离散的(有限集或可列集),而参数集 T 可为离散或连续的两类。

7.5.2　转移概率矩阵及柯尔莫哥洛夫定理

1. 转移概率矩阵

对于一个马尔可夫链 $\{t_n\mid n=1,2,\cdots\}$,称以 m 步转移概率(从状态 t_n 转移到状态 t_{n+m} 的概率)$p_{ij}(m)$ 为元素的矩阵 $\boldsymbol{P}(m)=(p_{ij}(m))$ 为马尔可夫链的 m 步转移概率矩阵。当 $m=1$ 时,$\boldsymbol{P}(1)=\boldsymbol{P}$ 称为马尔可夫链的一步转移概率矩阵,或简称转移矩阵。它们具有下列三个基本性质:

(1)对一切 $i,j\in E,0\leqslant p(m)\leqslant 1$;

(2)对一切 $i\in E,\sum_{j\in E}p_{ij}(m)=1$;

(3)对一切 $i,j\in E,p_{ij}(0)=\delta_{ij}=\begin{cases}1,&当 i=j 时\\0,&当 i\neq j 时\end{cases}$。

当实际问题可以用马尔可夫链来描述时,首先要确定它的状态空间及参数集合,然后确定它的一步转移概率。关于这一概率,可以由问题的内在规律得到,也可以由过去经验给出,还可以根据观测数据来估计。

2. 柯尔莫哥洛夫定理

设 $\{t_n \mid n = 1, 2, \cdots\}$ 是一个马尔可夫链,其状态空间 $E = \{1, 2, \cdots\}$,则对任意正整数 m、n 有

$$p_{ij}(n + m) = \sum_{k \in E} p_{ik}(n) p_{kj}(m)$$

其中,$i, j \in E$。

设 P 是一个马尔可夫链转移矩阵(P 的行向量是概率向量),$P^{(0)}$ 是初始分布行向量,则第 n 步的概率分布为

$$P^{(n)} = P^{(0)} P^n$$

【例 7.17】某计算机机房的一台计算机经常出故障,研究者每隔 15 分钟观察一次计算机的运行状态,收集了 24 小时的数据(共做 97 次观察)。用 1 表示正常状态,用 0 表示不正常状态,所得的数据序列如下:

1110010011111110011110111111001111111110001101101
1110110110101111011101111011111100110111111100111

设 $n = 1, \cdots, 97$,$X(n)$ 为第 n 个时段的计算机状态,可以认为它是一个马尔可夫链,状态空间 $E = \{0, 1\}$,编写如下 MATLAB 程序:

```
>>a1 = '1110010011111110011110111111001111111110001101101';
>>a2 = '1110110110101111011101111011111100110111111100111';
>>a = [a1 a2];
>>f00 = length(findstr('00',a))
>>f01 = length(findstr('01',a))
>>f10 = length(findstr('10',a))
>>f11 = length(findstr('11',a))
```

或者把上述数据序列保存到纯文本文件 data1.txt 中,存放在 MATLAB 下的 work 子目录中,编写程序如下:

```
format rat
fid = fopen('data1.txt','r');
a = [];
while (~feof(fid))
a = [a fgetl(fid)];
end
for i = 0:1
for j = 0:1
s = [int2str(i),int2str(j)];
f(i + 1,j + 1) = length(findstr(s,a));
end
end
fs = sum(f');
for i = 1:2
f(i,:) = f(i,:)/fs(i);
end
f
```

　　求得 96 次状态转移的情况是：0→0，8 次；0→1，18 次；1→0，18 次；1→1，52 次。因此，一步转移概率可用频率近似地表示为

$$P_{00} = P\{X_{n+1}=0 \mid X_n=0\} \approx \frac{8}{8+18} = \frac{4}{13}$$

$$P_{01} = P\{X_{n+1}=1 \mid X_n=0\} \approx \frac{18}{8+18} = \frac{9}{13}$$

$$P_{10} = P\{X_{n+1}=0 \mid X_n=1\} \approx \frac{18}{18+52} = \frac{9}{35}$$

$$P_{11} = P\{X_{n+1}=1 \mid X_n=1\} \approx \frac{52}{18+52} = \frac{26}{35}$$

第8章 数据挖掘

8.1 回归分析

回归分析是研究变量之间相关关系的一种数学工具。为了查明非确定的相关关系，用一个或一组非随机变量来估计或预报另一随机变量的观测值时，所建立的数学模型及所进行的统计分析，称为回归分析。这种数学模型又称为经验公式或回归方程。

本章将介绍一元回归分析和多元回归分析，以及它们的 MATLAB 实现。

8.1.1 一元回归

实际问题中常常会碰到各种变量，这些变量之间的关系一般可以分为两类：一类是函数关系，另一类是相关关系。函数关系是一种完全确定的关系，变量之间可以用精确的数学表达式来描述。相关关系是一种非确定关系，它不能用函数表达式来精确表达，但变量之间存在统计规律。一元回归模型是指回归模型中只有一个回归变量。

1. 一元线性回归模型

记 Y 为一个因变量，x 为一个自变量，ε 为随机误差，表明它们之间关系的方程可以称作回归模型。一元线性回归模型可以表示为

$$Y = \beta_0 + \beta_1 x + \varepsilon$$

其中，β_0、β_1 称为回归系数，并且并不依赖于 x。随机误差 ε 应该服从一定的分布，并且随机误差的均值 $E(\varepsilon) = 0$，方差 $\text{var}(\varepsilon) = \sigma^2 (\sigma > 0)$。对于实际问题，回归系数 β_0、β_1 可以通过样本进行估计。

对于实际问题，首先应该对总体进行 n 次独立观测，获得 n 组数据（通常称为样本观测值），分别为 (x_1, Y_1)、(x_2, Y_2)、$\cdots$、(x_n, Y_n)。然后可以在直角坐标系下画出数据的散点图，观测数据的分布形态。例如，这些点大致分布在同一条直线附近，就可以认为它们存在线性关系。这时候，可以使用一元线性回归模型分析变量之间的关系。

若 $\varepsilon \sim N(0, \sigma^2)$，则采用极大似然值法求 β_0、β_1 的估计量，若 ε 不服从正态分布，则通过最小二乘法求 β_0、β_1 的估计量。

若记

$$L_{xx} = \sum_{i=1}^{n}(x_i - \bar{x})^2 = \sum_{i=1}^{n} x_i^2 - \frac{1}{n}\left(\sum_{i=1}^{n} x_i\right)^2$$

$$L_{xy} = \sum_{i=1}^{n}(x_i - \bar{x})(y_i - \bar{y}) = \sum_{i=1}^{n} x_i y_i - \frac{1}{n}\left(\sum_{i=1}^{n} x_i\right)\left(\sum_{i=1}^{n} y_i\right)$$

$$L_{yy} = \sum_{i=1}^{n}(y_i - \bar{y})^2 = \sum_{i=1}^{n} y_i^2 - \frac{1}{n}\left(\sum_{i=1}^{n} y_i\right)^2$$

那么，β_0、β_1 的估计量为

$$\hat{\beta}_1 = \frac{L_{xy}}{L_{xx}}$$

$$\hat{\beta}_0 = \bar{y} - \hat{\beta}_1 \bar{x}$$

σ^2 的估计可以采用矩估计法,通过矩估计法可以求出 σ^2 的估计量为

$$\hat{\sigma}^2 = \frac{1}{n}(L_{yy} - \hat{\beta}_1 L_{xy})$$

可以证明,$\hat{\sigma}^2$ 是 σ^2 的有偏估计,而 $\frac{n}{n-2}\hat{\sigma}^2$ 是 σ^2 的无偏估计,记为

$$\hat{\sigma}^{*2} = \frac{n}{n-2}\hat{\sigma}^2 = \frac{1}{n-2}(L_{yy} - \hat{\beta}_1 L_{xy})$$

根据这些,可以建立经验公式,即

$$\hat{y} = \hat{\beta}_0 + \hat{\beta}_1 x$$

一元回归分析的主要任务是:利用样本观测值对回归系数和方差进行点估计;对方程的线性关系进行显著性检验;在 $x = x_0$ 处对 Y 进行预测等。

MATLAB 提供了很多用于回归分析的函数,如 regress、polyfit 等。

下面通过一道例题来说明在 MATLAB 中如何实现一元回归分析。

【例 8.1】根据表 8.1 提供的统计数字,建立某地区居民对某产品的需求量与居民收入的回归方程,并分析预测 2008—2010 年该地区居民收入以 4.5% 的速度递增,该产品的需求量将达到预期的水平。

表 8.1　某地区居民对某产品的需求量和居民收入

年份	需求量/千件	居民收入/万元	年份	需求量/千件	居民收入/万元
1992	116.5	255.7	2000	146.8	330.0
1993	120.8	263.3	2001	149.6	340.2
1994	124.4	275.4	2002	153.0	350.7
1995	125.5	278.3	2003	158.2	367.3
1996	131.7	296.7	2004	163.2	381.3
1997	136.2	309.3	2005	170.5	406.5
1998	138.7	315.8	2006	178.2	430.8
1999	140.2	318.8	2007	185.9	451.5

在 MATLAB 中输入如下代码:

```
x = [255.7;263.3;275.4;278.3;296.7;309.3;315.8;318.8;330.0;340.2;
     350.7;367.3;381.3;406.5;430.8;451.5];
y = [116.5;120.8;124.4;125.5;131.7;136.2;138.7;140.2;146.8;149.6;
     153.0;158.2;163.2;170.5;178.2;185.9];
X = [ones(length(x), 1), x];
b = regress(y,X)
```

输出结果为:

```
b =
    27.912 3
     0.352 4
```

所以回归方程是 $y = 27.912\,3 + 0.352\,4x$。

由于 2008—2010 年该地区居民收入以 4.5% 的速度递增,所以可以在 MATLAB 中输入如下代码:

```
xx = 451.5 * 1.045.^(1:3);          % 利用公式
yy = 27.9123 + 0.352 4 * xx
```

结果显示:

```
yy =
194.17        201.65        209.47
```

所以该产品的需求量 2008 年的预测结果是 194.17,2009 年的预测结果是 201.65,2010 年的预测结果是 209.47。

2. 一元多项式回归模型

在一元回归模型中,如果变量 y 与 x 的关系是 n 次多项式,即

$$y = a_n x^n + a_{n-1} x^{n-1} + \cdots + a_1 x + a_0 + \varepsilon$$

其中,$a_i (i = 0, 1, \cdots, n)$ 称为回归系数,并且并不依赖于 x。随机误差 ε 应该服从一定的分布,并且随机误差的均值 $E(\varepsilon) = 0$,方差 $\mathrm{var}(\varepsilon) = \sigma^2 (\sigma > 0)$。在实际问题中,可以通过样本对回归系数等进行估计。

MATLAB 提供了多项式曲线拟合的函数。它的调用格式为:

```
p = polyfit(x,y,n)
[p,S] = polyfit(x,y,n)
[p,S,mu] = polyfit(x,y,n)
```

其中,输入的 x 和 y 分别表示自变量和因变量的样本观测数据向量,n 是多项式的阶数。输出的 p 是一个按照降幂顺序排列的多项式的系数向量,S 是一个矩阵,用于估计预测误差和供其他函数(如 polyconf、polyval 等)调用,mu 是一个向量,给出自变量的均值和标准差。

在利用回归模型进行预测的时候,MATLAB 提供了 polyval 命令,其调用格式为:

```
y = polyval(p,x)
[y,delta] = polyval(p,x,S)
y = polyval(p,x,[],mu)
[y,delta] = polyval(p,x,S,mu)
```

其中,p、S 表示拟合命令 polyfit 输出的结果,x 是需要预测的自变量的值。在输出的结果中,y 表示在 x 处的预测值。如果输入数据的误差相互独立,并且方差为常数,那么 $y \pm$ delta 至少包含 50% 的预测值。"mu" 的默认值为 0.05。

下面通过例题来了解一元回归在 MATLAB 中的实现。

【例 8.2】气象部门观测到一天某些时刻的温度变化数据如表 8.2 所示,试建立这种关系的一元二次回归模型,并预测时刻为 11 的温度。

表 8.2　温度变化数据

x	0	1	2	3	4	5	6	7	8	9	10
y	20	21	23	25	26	29	30	27	26	25	22

在 MATLAB 中输入如下代码:

```
x = 0:10;
y = [20  21  23  25  26  29  30  27  26  25  22];
p = polyfit(x,y,2)
```

将输出：

```
p =
   - 0.139 9    1.544 1    21.993 0
```

所以拟合的表达式为 $y = -0.139\,9x^2 + 1.544\,1x + 21.993\,0$

在 MATLAB 中输入如下代码：

```
ypre = polyval(p,11)
```

将输出：

```
ypre =
    19.709 1
```

所以在时刻为 11 时,温度的预测值为 19.709 1。

8.1.2　多元回归

在实际问题中,自变量的个数往往是多个。因此需要研究因变量和多个自变量的相关关系,这就构成了多元回归的基本内容。多元回归的原理和一元回归类似,只是在计算上复杂一些。

1. 多元线性回归模型

假设因变量为 y,自变量为 $x_1,x_2,\cdots,x_n$,并且自变量与因变量之间为线性相关关系,即
$$y = a_n x_n + a_{n-1} x_{n-1} + \cdots + a_1 x_1 + a_0 + \varepsilon$$
其中,$a_i(i=0,1,2,\cdots,n)$ 为常数项,称作回归系数;ε 为随机误差,应该服从一定的分布,并且随机误差的均值 $E(\varepsilon)=0$,方差 $\mathrm{var}(\varepsilon)=\sigma^2(\sigma>0)$。 这些参数都可以通过样本观测值进行估计。

建立多元线性回归模型时,为了保证回归模型具有优良的解释能力和预测效果,应首先注意自变量的选择,其准则是：

(1)自变量对因变量必须有显著的影响,并呈密切的线性相关。

(2)自变量与因变量之间的线性相关必须是真实的,而不是形式上的。

(3)自变量之间应该具有一定的独立性,即自变量之间的相关程度不应高于自变量与因变量之间的相关程度。

(4)自变量应具有完整的统计数据,这样预测值才容易确定。

2. 多元线性回归模型中的参数估计

假设 $(x_{i1},x_{i2},\cdots,x_{in},Y_i)$,$i=1,2,\cdots,p$ 是一个容量为 p 的样本,则有
$$Y_1 = a_n x_{1n} + a_{(n-1)} x_{1(n-1)} + \cdots + a_1 x_{11} + a_0 + \varepsilon_1$$
$$Y_2 = a_n x_{2n} + a_{(n-1)} x_{2(n-1)} + \cdots + a_1 x_{21} + a_0 + \varepsilon_2$$
$$\vdots$$
$$Y_p = a_n x_{pn} + a_{(n-1)} x_{p(n-1)} + \cdots + a_1 x_{p1} + a_0 + \varepsilon_p$$

其中，$\varepsilon_1, \varepsilon_2, \cdots, \varepsilon_p$ 独立且同分布。

为了表示方便，可以写成矩阵形式，即

$$Y = XA + \varepsilon$$

其中

$$Y = \begin{bmatrix} Y_1 \\ Y_2 \\ \vdots \\ Y_p \end{bmatrix}, X = \begin{bmatrix} 1 & x_{11} & \cdots & x_{1n} \\ 1 & x_{21} & \cdots & x_{2n} \\ \vdots & \vdots & & \vdots \\ 1 & x_{p1} & \cdots & x_{pn} \end{bmatrix}, A = \begin{bmatrix} a_0 \\ a_1 \\ \vdots \\ a_n \end{bmatrix}, \varepsilon = \begin{bmatrix} \varepsilon_1 \\ \varepsilon_2 \\ \vdots \\ \varepsilon_p \end{bmatrix}$$

通过最小二乘法，可以求出

$$\hat{A} = \begin{bmatrix} \hat{a}_0 \\ \hat{a}_1 \\ \vdots \\ \hat{a}_n \end{bmatrix} = (X^T X)^{-1} X^T Y$$

据此，可以得到回归方程为

$$\hat{Y} = \hat{a}_n x_n + \hat{a}_{n-1} x_{n-1} + \cdots + \hat{a}_1 x_1 + \hat{a}_0$$

与一元线性回归类似，用矩估计法可以得到 σ^2 的有偏估计，即

$$\sigma^2 = \frac{1}{p} \sum_{i=1}^{p} (Y - \hat{a}_n x_n - \hat{a}_{n-1} x_{n-1} - \cdots - \hat{a}_1 x_1 - \hat{a}_0)^2 \tag{8.1}$$

还可以得到 σ^2 的无偏估计，即

$$\sigma^2 = \frac{1}{p-1} \sum_{i=1}^{p} (Y - \hat{a}_n x_n - \hat{a}_{n-1} x_{n-1} - \cdots - \hat{a}_1 x_1 - \hat{a}_0)^2 \tag{8.2}$$

3．多元回归模型的 MATLAB 实现及应用

MATLAB 中提供了多种与多元回归模型有关的命令。其中常用的有 regress，它的调用格式已在上文中介绍了。

下面通过例题来了解这个函数如何用于多元线性回归分析。

【例 8.3】为了全面反映中国"人口自然增长率"的全貌，选择"人口自然增长率"作为因变量，以反映中国人口的增长；选择"国民总收入"及"人均国内生产总值（GDP）"作为经济整体增长的代表；选择"居民消费价格指数（CPI）增长率"作为居民消费水平的代表，使用多元回归模型分析它们之间的关系（暂不考虑文化程度及人口分布的影响），数据如表 8.3 所示。

表 8.3　中国人口自然增长率及相关数据

年份	人口自然增长率 y /%	国民总收入 x_1 /亿元	CPI 增长率 x_2 /%	人均 GDP x_3 /元
1988	15.73	15 037	18.8	1 366
1989	15.04	17 001	18	1 519
1990	14.39	18 718	3.1	1 644
1991	12.98	21 826	3.4	1 893
1992	11.6	26 937	6.4	2 311
1993	11.45	35 260	14.7	2 998

续表

年份	人口自然增长率 y /%	国民总收入 x_1 /亿元	CPI 增长率 x_2 /%	人均 GDP x_3 /元
1994	11.21	48 108	24.1	4 044
1995	10.55	59 811	17.1	5 046
1996	10.42	70 142	8.3	5 846
1997	10.06	78 061	2.8	6 420
1998	9.14	83 024	−0.8	6 796
1999	8.18	88 479	−1.4	7 159
2000	7.58	98 000	0.4	7 858
2001	6.95	108 068	0.7	8 622
2002	6.45	119 096	−0.8	9 398
2003	6.01	135 174	1.2	10 542
2004	5.87	159 587	3.9	12 336
2005	5.89	184 089	1.8	14 040
2006	5.38	213 132	1.5	16 024

为了确定四个变量之间的关系,首先检验 y 与 x_1、x_2、x_3 之间的近似线性关系,可以设定它们之间的关系为三元线性回归模型,即

$$y = b_3 x_3 + b_2 x_2 + b_1 x_1 + b_0$$

在 MATLAB 中输入如下代码:

```
X = [15.73    15037    18.8     1366;
     15.04    17001    18       1519;
     14.39    18718    3.1      1644;
     12.98    21826    3.4      1893;
     11.6     26937    6.4      2311;
     11.45    35260    14.7     2998;
     11.21    48108    24.1     4044;
     10.55    59811    17.1     5046;
     10.42    70142    8.3      5846;
     10.06    78061    2.8      6420;
     9.14     83024    -0.8     6796;
     8.18     88479    -1.4     7159;
     7.58     98000    0.4      7858;
     6.95     108068   0.7      8622;
     6.45     119096   -0.8     9398;
     6.01     135174   1.2      10542;
     5.87     159587   3.9      12336;
     5.89     184089   1.8      14040;
     5.38     213132   1.5      16024;
];
[m,n] = size(X);
```

```
XX = [ones(m,1),X(:,2),X(:,3),X(:,4)];
Y = X(:,1);
b = regress(Y,XX)
```

将输出：

```
b =
    15.719 8
     0.000 4
     0.049 7
    -0.005 7
```

所以,得出的回归模型为

$$y = 15.719\,8 + 0.000\,4x_1 + 0.049\,7x_2 - 0.005\,7x_3$$

8.1.3 逐步回归

有些数据可能既可以使用多元线性回归又可以使用多元多项式回归,但其实也可以考虑使用逐步回归。从逐步回归的原理来看,逐步回归是以上两种回归方法的结合,可以自动使得方程的因子设置最合理。

【例 8.4】对下列数据进行逐步回归(表 8.4)。

表 8.4 数据表

序号	1	2	3	4	5	6	8	9	10	11	12
$X1$	7	1	11	11	7	11	3	1	2	21	1	11
$X2$	26	29	56	31	52	55	71	31	54	47	40	66
$X3$	6	15	8	8	6	9	17	22	18	4	23	9
$X4$	60	52	20	47	33	22	6	44	22	26	34	12
Y	78	74	104	87	95	109	102	72	93	115	83	113

代码如下：

```
>> X = [7,26,6,60;1,29,15,52;11,56,8,20;11,31,8,47;7,52,6,33;11,55,9,22;3,71,17,6;1,31,
    22,44;2,54,18,22;21,47,4,26;1,40,23,34;11,66,9,12];
>> Y = [78,74,104,87,95,109,102,72,93,115,83,113];
>> stepwise(X,Y,[1,2,3,4],0.05,0.10)
```

执行后显示逐步回归操作界面,如图 8.1 所示。

图 8.1 中,变量 $X1$、$X2$、$X3$、$X4$ 均保留在模型中,窗口右侧按钮上方提示"Move X4 out"(表示将变量 $X4$ 剔出回归方程),点击"Next Step"按钮,进行下一步运算,将第四列数据对应的变量 $X4$ 剔出回归方程。点击"Next Step"按钮后,得到提示"Move X3 out"(表示将变量 $X3$ 剔出回归方程),点击"Next Step"按钮,一直重复这样的操作,直到"Next Step"按钮变灰,表明逐步回归结束,此时得到的模型即为逐步回归的最终结果,如图 8.2 所示。

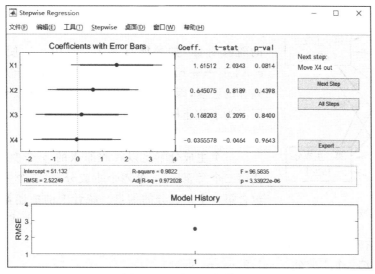

图 8.1　逐步回归操作界面

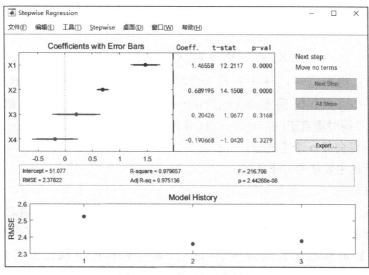

图 8.2　逐步回归最终结果

8.2　主成分分析

在现实问题中,涉及的数据往往是多元的统计数据,主成分分析是利用降维的思想将多个指标转化为少数几个综合指标的一种多元统计分析方法。主成分分析的主要思想就是将许多相关性很高的指标转化为彼此独立或不相关的变量。它通常是选出比原始变量少,能解释大部分资料中的变量的几个新变量,这种变量称为主成分。

8.2.1　主成分分析的基本原理

主成分分析是一种用来探索和简化多变量复杂关系的常用方法(图 8.3)。它是利用较少的变量去解释原来资料中的大部分变量,将许多相关性很高的变量转化成彼此相互独立或不

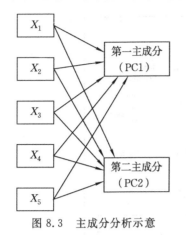

图 8.3　主成分分析示意

相关的变量。

设 $X_1, X_2, \cdots, X_p$ 表示以 $x_1, x_2, \cdots, x_p$ 为样本观测值的随机变量，如果能找到 $c_1, c_2, \cdots, c_p$，使得 $\mathrm{var}(c_1 X_1 + c_2 X_2 + \cdots + c_p X_p)$ 的值达到最大，则由于方差反映了数据差异的程度，因此也就表明抓住了这 p 个变量的最大差异。同时为了防止权值可选择无穷大而没有意义，通常规定 $c_1^2 + c_2^2 + \cdots + c_p^2 = 1$。

一个主成分不足以代表原来的 p 个变量，因此需要寻找第二个乃至第三、第四个主成分，第二个主成分不应该再包含第一个主成分的信息。统计上的描述就是让这两个主成分的协方差为零，几何上就是这两个主成分的方向正交，具体确定各个主成分的方法如下：

设 Z_i 表示第 i 个主成分，$i = 1, 2, \cdots, p$，可设

$$Z_1 = c_{11} X_1 + c_{12} X_2 + \cdots + c_{1p} X_p$$
$$Z_2 = c_{21} X_1 + c_{22} X_2 + \cdots + c_{2p} X_p$$
$$\vdots$$
$$Z_p = c_{p1} X_1 + c_{p2} X_2 + \cdots + c_{pp} X_p$$

其中，对每一个 i，均有 $c_{i1}^2 + c_{i2}^2 + \cdots + c_{ip}^2 = 1$，且 $[c_{11} \ c_{12} \ \cdots \ c_{1p}]$ 使得 $\mathrm{var}(Z_1)$ 的值达到最大；$[c_{21} \ c_{22} \ \cdots \ c_{2p}]$ 不仅垂直于 $[c_{11} \ c_{12} \ \cdots \ c_{1p}]$，而且使 $\mathrm{var}(Z_2)$ 的值达到最大；$[c_{31} \ c_{32} \ \cdots \ c_{3p}]$ 同时垂直于 $[c_{11} \ c_{12} \ \cdots \ c_{1p}]$ 和 $[c_{21} \ c_{22} \ \cdots \ c_{2p}]$，并使 $\mathrm{var}(Z_3)$ 的值达到最大；以此类推，可得全部 p 个主成分。

主成分分析的主要步骤如下所述。

1）数据标准化

由于收集到的数据量纲不同，存在数量级和计量单位的差异，各个变量之间没有综合性，故对数据进行标准化处理，消除这个指标间量纲和数据级的影响，保证因子分析能进行下去。

其中，逆指标的标准化公式为 $X_i' = 1/X_i$；适中指标的标准化公式为 $X_i' = 1/(1 + |a_i - X_i|)$，$a_i$ 为指标 X_i 的适中值；所有指标的标准化公式为 $Z_{ij} = (X_{ij} - X_i)/S_j$，这里 X_i 和 S_j 分别为变量 X_j 的样本均值和标准差，标准化处理后的变量服从标准正态分布即 $Z_{ij} \sim N(0, 1)$。

2）构建样本协方差矩阵

根据标准化数据矩阵建立协方差矩阵 $\boldsymbol{R}$，这是反映标准化后的数据之间相关关系密切程度的统计指标。

设 r_{ij} 为指标 i 和指标 j 之间的相关系数，有

$$r_{ij} = \frac{\sum_{k=1}^{n} (X_{kj} - X_i)(X_{kj} - X_j)}{\sqrt{\sum_{k=1}^{n} (X_{kj} - X_i)^2 (X_{kj} - X_j)^2}}$$

则 $\boldsymbol{R} = \{r_{ij} \mid i, j = 1, 2, \cdots, n\}$ 为样本数据的协方差矩阵。

3) 计算协方差矩阵 $\boldsymbol{R}$ 的特征值和特征向量

由矩阵论相关知识可知,对称正定矩阵 $\boldsymbol{\Sigma}$ 必正交相似于对称矩阵 $\boldsymbol{\Lambda}$,即

$$Q^{\mathrm{T}}RQ = \boldsymbol{\Lambda} = \begin{bmatrix} \lambda_1 & & & \\ & \lambda_2 & & \\ & & \ddots & \\ & & & \lambda_n \end{bmatrix}$$

其中,$\lambda_i (i = 1, 2, \cdots, n)$ 为 $\boldsymbol{R}$ 的特征值,$\boldsymbol{Q}$ 为特征向量组成的正交矩阵。通过解特征方程 $|\lambda \boldsymbol{E} - \boldsymbol{R}| = 0$ 可以求出特征值 λ_i 和特征向量 $\boldsymbol{u}_i$,将特征值按照大小顺序重新排列,使得 $\lambda_1 \geqslant \lambda_2 \geqslant \cdots \geqslant \lambda_n$,特征向量的位置进行相应的调整得到矩阵 $\boldsymbol{U} = [\boldsymbol{u}_1 \quad \boldsymbol{u}_2 \quad \cdots \quad \boldsymbol{u}_n]$。

4) 计算贡献率,确定主成分的个数并写出主成分的表达式

先计算出每个主成分的信息贡献率,再计算出主成分的累积贡献率,从而确定主成分的个数。其中,主成分 y_j 的信息贡献率为

$$\rho_j = \frac{\lambda_j}{\sum\limits_{k=1}^{n} \lambda_k}, \quad j = 1, 2, \cdots, n$$

前 p 个主成分累计贡献率的计算公式为

$$\rho_p = \frac{\sum\limits_{i=1}^{p} \lambda_i}{\sum\limits_{j=1}^{n} \lambda_j}$$

第 i 个主成分的表达式为

$$y_i = \boldsymbol{u}_i^{\mathrm{T}} \boldsymbol{x} = u_{i1} x_1 + u_{i2} x_2 + \cdots + u_{in} x_n$$

一般取满足 $\rho \geqslant 85\%$ 的前 m 个主成分,这样就可以用 m 个主成分来替代原来 n 个指标变量,从而实现数据的降维。

8.2.2　主成分分析的应用

MATLAB 中提供了 pca 函数来实现主成分分析,其主要的调用格式为:

```
coeff = pca(X)
coeff = pca(X,Name,Value)
[coeff,score,latent] = pca(__)
[coeff,score,latent,tsquared] = pca(__)
[coeff,score,latent,tsquared,explained,mu] = pca(__)
```

输入的 $\boldsymbol{X}$ 是一个矩阵,行表示样本,列表示指标。输出的 coeff 为主成分矩阵,score 是样本主成分的得分,latent 是 $\boldsymbol{X}$ 的方差矩阵的特征向量,tsquared 是每个数据点的 HotellingT^2 统计量,即每个观测值的标准化分数的平方和(以列向量的形式返回),explained 为总方差解释差异量的百分比,mu 表示期望。

主成分分析应用广泛,可以用于诸如综合评价、分类、信号分离等任务。下面通过一道例题来了解主成分分析的应用。

【例 8.5】表 8.5 是关于全国 30 个省区市的 8 项经济指标,以此为例,进行主成分分析。

表 8.5　全国省区市经济指标

省份	国内生产 1	居民消费 2	固定资产 3	职工工资 4	货物周转 5	消费价格 6	商品零售 7	工业产值 8
北京 1	1 394.89	2 505	519.0	8 144	373.9	117.3	112.6	843.43
天津 2	920.11	2 720	345.46	6 501	342.8	115.2	110.6	582.51
河北 3	2 849.52	1 258	704.87	4 839	2 033.3	115.2	115.8	1 234.85
山西 4	1 092.48	1 250	290.9	4 721	717.3	116.9	115.6	697.25
内蒙古 5	832.88	1 387	250.23	4 134	781.7	117.5	116.8	419.39
辽宁 6	2 793.37	2 397	387.99	4 911	1 371.7	116.1	114	1 840.55
吉林 7	1 129.2	1 872	320.45	4 430	497.4	115.2	114.2	762.47
黑龙江 8	2 014.53	2 334	435.73	4 145	824.8	116.1	114.3	1 240.37
上海 9	2 462.57	5 343	996.48	9 279	207.4	118.7	113	1 642.95
江苏 10	5 155.25	1 926	1 434.95	5 943	1 025.5	115.8	114.3	2 026.64
浙江 11	3 524.79	2 249	1 006.39	6 619	754.4	116.6	113.5	916.59
安徽 12	2 003.58	1 254	474	4 609	908.3	114.8	112.7	824.14
福建 13	2 160.52	2 320	553.97	5 857	609.3	115.2	114.4	433.67
江西 14	1 205.11	1 182	282.84	4 211	411.7	116.9	115.9	571.84
山东 15	5 002.34	1 527	1 229.55	5 145	1 196.6	117.6	114.2	2 207.69
河南 16	3 002.74	1 034	670.35	4 344	1 574.4	116.5	114.9	1 367.92
湖北 17	2 391.42	1 527	571.68	4 685	849	120	116.6	1 220.72
湖南 18	2 195.7	1 408	422.61	4 797	1 011.8	119	115.5	843.83
广东 19	5 381.72	2 699	1 639.83	8 250	656.5	114	111.6	1 396.35
广西 20	1 606.15	1 314	382.59	5 105	556	118.4	116.4	554.97
海南 21	364.17	1 814	198.35	5 340	232.1	113.5	111.3	64.33
四川 22	3 534	1 261	822.54	4 645	902.3	118.5	117	1 431.81
贵州 23	630.07	942	150.84	4 475	301.1	121.4	117.2	324.72
云南 24	1 206.68	1 261	334	5 149	310.4	121.3	118.1	716.65
西藏 25	55.98	1 110	17.87	7 382	4.2	117.3	114.9	5.57
陕西 26	1 000.03	1 208	300.27	4 396	500.9	119	117	600.98
甘肃 27	553.35	1 007	114.81	5 493	507	119.8	116.5	468.79
青海 28	165.31	1 445	47.76	5 753	61.6	118	116.3	105.8
宁夏 29	169.75	1 355	61.98	5 079	121.8	117.1	115.3	114.4
新疆 30	834.57	1 469	376.96	5 348	339	119.7	116.7	428.76

在 MATLAB 中输入如下代码：

```
X = [1 394.89  2 505  519.0  8 144  373.9  117.3  112.6  843.43;
     920.11  2 720  345.46  6 501  342.8  115.2  110.6  582.51;
     ……
     169.75  1 355  61.98  5 079  121.8  117.1  115.3  114.4;
     834.57  1 469  376.96  5 348  339  119.7  116.7  428.76;
     ];
[pc,la,tent] = pca(X)
```

将输出：

```
pc =
    0.760 3   - 0.468 0   - 0.180 1   - 0.252 4   - 0.152 4   - 0.289 3    0.001 9   - 0.000 1
```

0.306 0	0.359 0	0.836 9	− 0.143 6	− 0.232 2	− 0.049 9	0.002 1	0.000 1

......

| − 0.000 5 | − 0.000 5 | − 0.000 5 | − 0.000 1 | 0.002 4 | 0.002 6 | 0.638 2 | 0.769 8 |
| 0.270 6 | − 0.179 8 | 0.272 6 | 0.317 0 | 0.840 8 | 0.112 7 | − 0.004 5 | 0.001 1 |

la =

1.0e + 03 *

0.994 2	2.597 3	− 0.442 1	0.435 7	0.187 6	0.026 5	− 0.001 3	− 0.000 5
− 0.142 9	1.736 0	0.456 3	0.040 8	− 0.079 7	− 0.001 2	− 0.003 2	− 0.001 3

......

− 1.660 9	1.245 9	− 0.296 1	− 0.103 6	0.043 2	− 0.059 0	0.000 6	0.000 9
− 1.973 3	0.691 6	− 0.079 4	− 0.208 2	− 0.000 7	− 0.019 2	− 0.000 9	0.000 4
− 1.138 2	0.493 3	− 0.131 0	− 0.102 2	0.019 2	0.127 3	0.001 8	− 0.000 2

tent =

1.0e + 06 *

```
    3.011 4
    1.909 3
    0.300 5
    0.082 4
    0.040 9
    0.005 3
    0.000 0
    0.000 0
```

继续输入以下命令计算各主成分贡献率:

```
gx = tent./sum(tent)
```

将输出:

```
gx =
    0.562 9
    0.356 9
    0.056 2
    0.015 4
    0.007 6
    0.001 0
    0.000 0
    0.000 0
```

由于,第一、二个主成分的贡献率之和为 $0.562\,9 + 0.356\,9 = 0.919\,8$,大于 85%,实际应用时,只需取前面两个主成分即可。即

$$y_1 = 0.760\,3x_1 - 0.468\,0x_2 - 0.180\,1x_3 - 0.252\,4x_4 - 0.152\,4x_5 - 0.289\,3x_6 + 0.001\,9x_7 - 0.000\,1x_8$$

$$y_2 = 0.306\,0x_1 + 0.359\,0x_2 + 0.836\,9x_3 - 0.143\,6x_4 - 0.232\,2x_5 - 0.049\,9x_6 + 0.002\,1x_7 + 0.000\,1x_8$$

8.2.3 相关系数降维

定义：设有如下两组观测值

$$X : x_1, x_2, \cdots, x_n$$
$$Y : y_1, y_2, \cdots, y_n$$

则称 $r = \dfrac{\sum\limits_{i=1}^{n}(X_i - \overline{X})(Y_i - \overline{Y})}{\sqrt{\sum\limits_{i=1}^{n}(X_i - \overline{X})^2}\sqrt{\sum\limits_{i=1}^{n}(Y_i - \overline{Y})^2}}$ 为 X 与 Y 的相关系数。

相关系数用 r 表示，在 -1 和 $+1$ 之间取值。相关系数 r 的绝对值大小（$|r|$），表示两个变量之间的直线相关强度；相关系数 r 的正负号，表示相关的方向，分别是正相关和负相关；若相关系数 $r = 0$，则称零线性相关，简称零相关；若相关系数 $|r| = 1$，则表示两个变量是完全相关的。这时两个变量之间的关系为确定性的函数关系，这种情况在行为科学与社会科学中是极少存在的。

一般，若观测数据的个数足够多，计算出来的相关系数 r 就会更真实地反映客观事物之间的本来面目。

当 $0.7 \leqslant |r| < 1$ 时，称为高度相关；当 $0.4 \leqslant |r| < 0.7$ 时，称为中等相关；当 $0.2 \leqslant |r| < 0.4$ 时，称为低度相关；当 $|r| < 0.2$ 时，称为极低相关或接近零相关。

由于事物之间联系的复杂性，在实际研究中，即使通过统计方法确定出来的相关系数 r 显示两个变量是高度相关，在解释相关系数的时候，也还要结合具体变量的性质特点和有关专业的知识。两个高度相关的变量，它们之间可能具有明显的因果关系，也可能只具有部分因果关系，还可能没有直接的因果关系；其数量上的相互关联，只是它们共同受到其他第三个变量所支配的结果。除此之外，相关系数 r 接近零，这只是表示这两个变量不存在明显的直线性相关模式，不能肯定地说这两个变量之间就没有规律性的联系。通过散点图有时会发现，两个变量之间存在明显的某种曲线性相关，但计算直线性相关系数时，其 r 值往往接近零。

8.3 判别分析

判别分析是一种重要的统计分析方法，是数据挖掘中常用的一种方法。顾名思义，判别分析就是根据样本的属性信息来判断样本属于哪一类别。就像医生凭借着自己的行医经验和医学知识，根据患者的症状来判断病人的病因。其中，病人的症状，如流鼻涕、头痛，就是样本的属性信息。从理论上来讲，判别分析就是根据已经掌握的每种类别的数据信息，总结出客观事物分类的规律，建立判别公式和准则。在遇到新的样本时，根据总结出来的判别公式和判别准则，判断样本所属的类别。

目前常用的判别分析算法有贝叶斯(Bayes)判别和距离判别。本节将着重讲解这些判别分析的原理和典型的判别算法，以及它们的 MATLAB 实现。

8.3.1 判别分析的概念

判别分析用于解决被解释变量为非度量变量的情形。在这种情况下，人们感兴趣的对象是样本所属的类别,如一个人所从事的职业或一个国家是发达国家还是发展中国家。判别分析在实际生活和研究中有着广泛的应用,潜在的应用包括预测新产品的成功或失败、决定一个学生是否被录取、确定某人的信用风险类别等。在每种情况下,将对象进行分组,并且可以通过人们选择的属性信息来预测或解释每个对象的所属类别。

从统计学的角度出发,判别分析的问题可以概括为如下模型:设有 k 个总体 $G_1,G_2,\cdots,G_n$,它们都是 p 维总体,其数量指标为

$$\boldsymbol{X} = \begin{bmatrix} X_1 & X_2 & \cdots & X_p \end{bmatrix}^{\mathrm{T}}$$

设 $\boldsymbol{X}$ 在各个条件下具有不同的分布特征,一般来说,各个总体的分布是未知的,需要由各个总体取得的样本(即训练样本)来估计其均值和协方差矩阵。然后,对于一个新的样本数据 $\boldsymbol{x} = \begin{bmatrix} x_1 & x_2 & \cdots & x_p \end{bmatrix}^{\mathrm{T}}$,可以根据各总体的分布特征按一定的判别准则来判断它属于哪一个总体。

在判别分析中,有三个基本假设:

(1)每个判别变量(解释变量)不能是其他判别变量的线性组合。如果一个判别变量能够表示为其他判别变量的线性组合,那么它就不能提供新的信息,更重要的是,在这种情况下,无法估计判别函数。不仅如此,如果一个判别变量和其他的判别变量高度相关,那么参数估计的标准差将会很大,以至于估计在统计上不显著。这就是多重线性问题。

(2)各组变量的协方差矩阵相等。判别分析中最简单和最常见的形式是线性判别函数,它们是判别变量的线性组合。在各组协方差矩阵相等的假设条件下,可以使用很简单的公式来计算判别函数和进行显著性检验。

(3)各个判别变量之间具有多元正态分布,即每个变量对于其他变量的固定值有正态分布。在这种条件下可以很精确地计算出显著性检验值和分组归属概率。当违背该假设时,计算的概率非常不准确。

按照判别分析的组数来分类,可以将判别分析分为两组判别和多组判别。当被解释变量包含两组时,则称为两组判别分析;当包含三组及以上的时候,则称为多组判别分析。按照不同总体所用的数学模型来区分,可以分为线性判别和非线性判别。按照判别时处理变量的方法不同,可以分为逐步判别和序贯判别等。

8.3.2　距离判别分析

距离判别分析的基本思想是,先定义一个距离,然后根据判别样本与哪个总体的距离最近来判断样本属于哪一个总体。

1. 距离的定义

在判别分析中,常用的距离有闵氏距离(Minkowski distance)、马氏距离(Mahalanobis distance)等。

1)闵氏距离

闵氏距离是定义两点之间距离常见的一种方法。假设有两个 n 维向量,分别为 $\boldsymbol{x} = \begin{bmatrix} x_1 & x_2 & \cdots & x_p \end{bmatrix}^{\mathrm{T}}$ 和 $\boldsymbol{y} = \begin{bmatrix} y_1 & y_2 & \cdots & y_p \end{bmatrix}^{\mathrm{T}}$,则它们之间的闵氏距离的定义为

$$d_q(\boldsymbol{x},\boldsymbol{y}) = \Big[\sum_{k=1}^{p} |x_k - y_k|^q \Big]^{\frac{1}{q}}$$

当 $q=1$ 时,即

$$d_1(\boldsymbol{x}, \boldsymbol{y}) = \sum_{k=1}^{p} |x_k - y_k|$$

称为 $\boldsymbol{x}$、$\boldsymbol{y}$ 之间的绝对值距离。

当 $q = 2$，即

$$d_2(\boldsymbol{x}, \boldsymbol{y}) = \left[\sum_{k=1}^{p} |x_k - y_k|^2\right]^{\frac{1}{2}}$$

称为 $\boldsymbol{x}$、$\boldsymbol{y}$ 之间的欧氏距离。

当 $q \to +\infty$ 时，即

$$d_\infty(\boldsymbol{x}, \boldsymbol{y}) = \max_{1 \leqslant k \leqslant p} |x_k - y_k|$$

称为切比雪夫距离。

绝对值距离和欧氏距离都属于闵氏距离（图 8.4）。

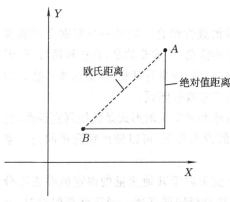

图 8.4　欧氏距离和绝对值距离

值得注意的是，在使用闵氏距离时，应该使用相同量纲的变量。当变量的量纲不同且测量值变异范围相差悬殊时，应该先对数据进行标准化处理，然后计算距离。在使用闵氏距离时，也应该尽可能避免变量的多重相关性。

2）马氏距离

马氏距离是由印度统计学家马哈拉诺比斯（P. C. Mahalanobis）提出的，表示数据的协方差距离。由于马氏距离具有统计意义，在距离判别分析中，马氏距离比闵氏距离应用得更多。下面给出三种情形下的马氏距离。

（1）同一总体的两向量之间的马氏距离。

设总体 G 的两个 n 维向量 $\boldsymbol{x} = [x_1 \ x_2 \ \cdots \ x_n]$，$\boldsymbol{y} = [y_1 \ y_2 \ \cdots \ y_n]$，有

$$d(\boldsymbol{x}, \boldsymbol{y}) = \sqrt{(\boldsymbol{x} - \boldsymbol{y})^{\mathrm{T}} \boldsymbol{\Sigma}^{-1} (\boldsymbol{x} - \boldsymbol{y})}$$

则称 $d(x, y)$ 为 n 维向量 $\boldsymbol{x}$、$\boldsymbol{y}$ 之间的马氏距离。其中，$\boldsymbol{\Sigma}$ 表示总体 G 的协方差矩阵，$\boldsymbol{\Sigma}^{-1}$ 表示总体 G 的协方差矩阵的逆矩阵。

当 $\boldsymbol{\Sigma}$ 为单位矩阵时，这里的马氏距离就化为了欧氏距离。

（2）两个总体之间的马氏距离。

假设两个总体 G_1 和 G_2 的均值向量分别为 $\boldsymbol{\mu}_1$ 和 $\boldsymbol{\mu}_2$，协方差矩阵相等且为 $\boldsymbol{\Sigma}$，则总体 G_1 和 G_2 之间的马氏距离为

$$d(G_1, G_2) = \sqrt{(\boldsymbol{\mu}_1 - \boldsymbol{\mu}_2)^{\mathrm{T}} \boldsymbol{\Sigma}^{-1} (\boldsymbol{\mu}_1 - \boldsymbol{\mu}_2)}$$

当 $\boldsymbol{\Sigma}$ 为单位矩阵时，这里的马氏距离就化为了欧氏距离。

（3）一个向量到一个总体之间的马氏距离。

设 x 是取自均值向量 $\boldsymbol{\mu}$、协方差为 $\boldsymbol{\Sigma}$ 的总体 G 的 n 维向量，则 x 与 G 的马氏距离为

$$d(\boldsymbol{x}, G) = \sqrt{(\boldsymbol{x} - \boldsymbol{\mu})^{\mathrm{T}} \boldsymbol{\Sigma}^{-1} (\boldsymbol{x} - \boldsymbol{\mu})}$$

在 MATLAB 中，mahal 函数便用于计算马氏距离，它的调用格式为：

```
d = mahal(Y,X)
```

　　mahal 函数计算 X 矩阵至 Y 矩阵的马氏距离,返回的是距离向量。其中 Y 矩阵的列数必须等于 X 的列数,X 的行数必须大于列数。

　　在判别分析中,一般不采用欧氏距离,其原因就在于欧氏距离与量纲有关,而马氏距离既与量纲无关,又具有统计学意义,所以在判别分析中,常常采用马氏距离进行判断。

2. 两总体的距离判别分析

　　设有两个总体 G_1 和 G_2,x 是一个 p 维向量,如果样本到总体 G_1 和 G_2 的距离存在,则可以通过下面的规则来判断样本所属的种类:如果样本到总体 G_2 的距离大于样本到总体 G_1 的距离,则判断样本属于总体 G_1;如果样本到总体 G_2 的距离小于样本到总体 G_1 的距离,则判断样本属于总体 G_2;如果两个距离相等,则待判。这个准则可以通过下面的表达式来描述,即

$$x \in G_1, \quad d(x,G_1) < d(x,G_2)$$
$$x \in G_2, \quad d(x,G_1) > d(x,G_2)$$
$$待判, \qquad d(x,G_1) = d(x,G_2)$$

　　当总体 G_1 和 G_2 为正态分布且协方差相等时,距离应该选用马氏距离,即

$$d(x,G_1) = \sqrt{(x-\mu_1)^T \Sigma^{-1}(x-\mu_1)}$$

　　当总体不是正态分布时,有时候也可以用马氏距离描述 x 到总体之间的远近。

　　若 $\Sigma_1 = \Sigma_2 = \Sigma$,有

$$
\begin{aligned}
d^2(x,G_1) - d^2(x,G_2) &= (x-\mu_1)^T \Sigma^{-1}(x-\mu_1) - (x-\mu_2)^T \Sigma^{-1}(x-\mu_2) \\
&= x^T \Sigma^{-1} x - 2x^T \Sigma^{-1} \mu_1 + \mu_1^T \Sigma^{-1} \mu_1 - \\
&\quad (x^T \Sigma^{-1} x - 2x^T \Sigma^{-1} \mu_2 + \mu_2^T \Sigma^{-1} \mu_2) \\
&= -2(x-(\mu_1+\mu_2)/2)^T \Sigma^{-1}(\mu_1-\mu_2) \\
&= -2W(x)
\end{aligned}
$$

其中,令 $\bar{\mu} = (\mu_1 + \mu_2)/2$,$a = \Sigma^{-1}(\mu_1 - \mu_2)$,则

$$W(x) = (x-\bar{\mu})^T \Sigma^{-1}(\mu_1 - \mu_2) = (x-\bar{\mu})^T a$$

　　此时,判别准则可以描述为

$$x \in G_1, \quad W(x) > 0$$
$$x \in G_2, \quad W(x) < 0$$
$$待判, \qquad W(x) = 0$$

　　这个规则取决于 $W(x)$ 的值,通常称 $W(x)$ 为判别函数,由于它是线性函数,又称为线性判别函数,a 为判别系数。线性判别函数使用起来最方便,在实际应用中也最广泛。

　　然而,在实际问题中,μ_1、μ_2、Σ 通常是未知的,这时候可以通过样本估计来对 μ_1、μ_2、Σ 进行估计。

　　设 $x_1^{(1)}, x_2^{(1)}, \cdots, x_{n_1}^{(1)}$ 是 G_1 中的样本,$x_1^{(2)}, x_2^{(2)}, \cdots, x_{n_2}^{(2)}$ 是 G_2 中的样本,那么可以通过以下公式来估计总体的均值向量和协方差矩阵,即

$$\hat{\mu}_1 = \frac{1}{n_1} \sum_{i=1}^{n_1} x_i^{(1)} = \bar{x}^{(1)}$$

$$\hat{\mu}_2 = \frac{1}{n_1} \sum_{i=1}^{n_2} x_i^{(2)} = \bar{x}^{(2)}$$

$$\hat{\Sigma} = \frac{1}{n_1 + n_2 - 2}(A_1 + A_2)$$

其中
$$A_a = \sum_{j=1}^{n_a} (x_j^{(a)} - \bar{x}^{(a)})(x_j^{(a)} - \bar{x}^{(a)})^{\mathrm{T}}, \ a = 1,2$$

当两个总体的协方差矩阵 Σ_1 和 Σ_2 不等时,有
$$W(x) = d^2(x, G_2) - d^2(x, G_1)$$
$$= (x - \mu_2)^{\mathrm{T}} \sum_2^{-1} (x - \mu_2) - (x - \mu_1)^{\mathrm{T}} \sum_1^{-1} (x - \mu_1)$$

可将 $W(x)$ 作为判别函数,这时它是 x 的二次函数。

在 MATLAB 中,可使用 classify 函数做判别分析,它的调用格式为:

```
class = classify(sample,training,group)
class = classify(sample,training,group,'type')
class = classify(sample,training,group,'type',prior)
[class,err] = classify(…)
[class,err,POSTERIOR] = classify(…)
[class,err,POSTERIOR,logp] = classify(…)
[class,err,POSTERIOR,logp,coeff] = classify(…)
```

这里,sample 表示待分类的样本数据。sample 和 training 必须具有相同的列数。group 向量包含从 1 到组数的正整数,它指明了训练集中的每一行属于哪一类。group 和 training 必须具有相同的行数。这里返回的 class 表示 sample 中对应元素的分类。

下面通过例题来说明这个函数的使用。

【例 8.6】已知 8 个肿瘤病灶组织的样本,其中前 3 个为良性肿瘤,后 5 个为恶性肿瘤。数据为细胞核显微图像的 5 个量化特征,即细胞核直径、质地、周长、面积、光滑度。根据已知样本对未知的 3 个样本进行分类。已知样本的数据为

13.54, 14.36, 87.46, 566.3, 0.097 79

13.08, 15.71, 85.63, 520, 0.107 5

9.504, 12.44, 60.34, 273.9, 0.102 4

17.99, 10.38, 122.8, 1 001, 0.118 4

20.57, 17.77, 132.9, 1 326, 0.084 74

19.69, 21.25, 130, 1 203, 0.109 6

11.42, 20.38, 77.58, 386.1, 0.142 5

20.29, 14.34, 135.1, 1297, 0.100 3

待分类的数据为

16.6, 28.08, 108.3, 858.1, 0.084 55

20.6, 29.33, 140.1, 1 265, 0.117 8

7.76, 24.54, 47.92, 181, 0.052 63

在 MATLAB 中编写程序可以解决这个问题。程序为:

```
a = [13.54,14.36,87.46,566.3,0.097 79;
     13.08,15.71,85.63,520,0.107 5;
     9.504,12.44,60.34,273.9,0.102 4;
     17.99,10.38,122.8,1001,0.118 4;
     20.57,17.77,132.9,1326,0.084 74;
```

```
    19.69,21.25,130,1203,0.109 6;
    11.42,20.38,77.58,386.1,0.142 5;
    20.29,14.34,135.1,1297,0.100 3];
x = [16.6,28.08,108.3,858.1,0.084 55;
    20.6,29.33,140.1,1265,0.117 8;
    7.76,24.54,47.92,181,0.052 63];
g = [ones(3,1);2 * ones(5,1)];
[class,err] = classify(x,a,g)
```

输出结果为:

```
class =
    1
    1
    1
err =
    0
```

结果说明,3 个待分类的样本都为良性肿瘤。

3. 多个总体的距离判别分析

多个总体的距离判别分析的基本思想是:设存在 k 个总体 $G_1, G_2, \cdots, G_k$,其均值向量分别为 $\boldsymbol{\mu}_1, \boldsymbol{\mu}_2, \cdots, \boldsymbol{\mu}_k$,协方差矩阵分别为 $\boldsymbol{\Sigma}_1, \boldsymbol{\Sigma}_2, \cdots, \boldsymbol{\Sigma}_k$,分别计算样本 $\boldsymbol{x}$ 到各总体之间的马氏距离,如果 $d(\boldsymbol{x}, \boldsymbol{G}_m) = \min\limits_{1 \leqslant i \leqslant k} d(\boldsymbol{x}, \boldsymbol{G}_i)$,则判定样本 $\boldsymbol{x}$ 属于总体 $\boldsymbol{G}_m$。

1)协方差矩阵相同

假设存在 k 个总体 $G_1, G_2, \cdots, G_k$,其均值向量分别为 $\boldsymbol{\mu}_1, \boldsymbol{\mu}_2, \cdots, \boldsymbol{\mu}_k$,协方差矩阵均为 $\boldsymbol{\Sigma}$。类似于两总体的讨论,判别函数为

$$W_{ij}(\boldsymbol{x}) = (\boldsymbol{x} - (\boldsymbol{\mu}_i + \boldsymbol{\mu}_j)/2)^{\mathrm{T}} \boldsymbol{\Sigma}^{-1}(\boldsymbol{\mu}_i - \boldsymbol{\mu}_j), \ i, j = 1, \cdots, k$$

相应的判别准则为

$$\left. \begin{array}{ll} \boldsymbol{x} \in \boldsymbol{G}_i, & 若 W_{ij}(\boldsymbol{x}) > 0, \forall j \neq i \\ 待判, & 若存在 W_{ij}(\boldsymbol{x}) = 0 \end{array} \right\}$$

当均值向量和协方差矩阵未知时,则可以通过已知样本对其进行估计。设 $\boldsymbol{G}_a$ 中的已知样本为 $x_1^{(a)}, x_2^{(a)}, \cdots, x_n^{(a)}$,则它们的估计为

$$\hat{\boldsymbol{\mu}}_a = \frac{1}{n_a} \sum_{i=1}^{n_a} x_i^{(a)} = \bar{x}^{(a)}$$

$$\hat{\boldsymbol{\Sigma}} = \frac{1}{n-k} \sum_{a=1}^{k} \boldsymbol{A}_a$$

其中

$$n = n_1 + n_2 + \cdots + n_k$$

$$\boldsymbol{A}_a = \sum_{j=1}^{n_a} (\boldsymbol{x}_j^{(a)} - \bar{\boldsymbol{x}}^{(a)})(\boldsymbol{x}_j^{(a)} - \bar{\boldsymbol{x}}^{(a)})^{\mathrm{T}}$$

2)协方差矩阵不相同

当协方差矩阵不相同的时候,判别函数为

$$W_{ij}(\boldsymbol{x}) = (\boldsymbol{x} - \boldsymbol{\mu}_i)^{\mathrm{T}} \boldsymbol{\Sigma}_i^{-1}(\boldsymbol{x} - \boldsymbol{\mu}_i) - (\boldsymbol{x} - \boldsymbol{\mu}_j)^{\mathrm{T}} \boldsymbol{\Sigma}_j^{-1}(\boldsymbol{x} - \boldsymbol{\mu}_j)$$

这时,判别规则为

$$\left.\begin{array}{ll} \boldsymbol{x} \in \boldsymbol{G}_i, & \text{若 } W_{ij}(\boldsymbol{x}) > 0, \forall j \neq i \\ \text{待判}, & \text{若存在 } W_{ij}(\boldsymbol{x}) = 0 \end{array}\right\}$$

当均值向量和协方差矩阵未知时,则可以通过已知样本对其进行估计。设 $\boldsymbol{G}_a$ 中的已知样本为 $x_1^{(a)}, x_2^{(a)}, \cdots, x_n^{(a)}$,其中均值向量的估计与协方差矩阵相同时的估计一致,则协方差矩阵的估计为

$$\hat{\boldsymbol{\Sigma}}_a = \frac{1}{n_a - 1} \boldsymbol{A}_a, \quad a = 1, 2, \cdots, k$$

这里, $\boldsymbol{A}_a$ 与协方差矩阵相同时的估计一致。

8.3.3 判别准则的评价

在一个判别准则提出之后,还要研究它的优良性,即需要考查它的误判率。以训练样本为基础误判率的估计思想是:若属于 $\boldsymbol{G}_1$ 的样本被误判为属于 $\boldsymbol{G}_2$ 的个数为 N_1,属于 $\boldsymbol{G}_2$ 的样本被误判为 $\boldsymbol{G}_1$ 的个数为 N_2,训练样本的总数为 N,则误判率的估计为

$$\hat{p} = \frac{N_1 + N_2}{N}$$

对于具体的情况,通常采用回代法和交叉法进行误判率的估计。具体内容可以参考其他资料,这里不作介绍。

8.3.4 贝叶斯判别分析

贝叶斯判别法,也称作平均损失极小化判别法,它是一种基于验前概率和误判损失极小化的一种判别法。它的基本思想是:假设已知对象的先验概率和先验条件概率,而后得到后验概率,由后验概率做出判断。

1. 两个总体的贝叶斯判别

1)任意分布总体的贝叶斯判别

考虑到 p 元总体 $\boldsymbol{G}_1$、$\boldsymbol{G}_2$ 分别具有概率密度函数 $f_1(\boldsymbol{x})$、$f_2(\boldsymbol{x})$,又设 $\boldsymbol{G}_1$ 和 $\boldsymbol{G}_2$ 出现的先验概率为

$$p_1 = P(\boldsymbol{G}_1), p_2 = P(\boldsymbol{G}_2)$$

当取得新样品 $\boldsymbol{x} = [x_1 \ x_2 \ \cdots \ x_p]$ 后,根据贝叶斯公式,$\boldsymbol{G}_1$ 和 $\boldsymbol{G}_2$ 的后验概率为

$$P(\boldsymbol{G}_1 \mid \boldsymbol{x}) = \frac{p_1 f_1(\boldsymbol{x})}{p_1 f_1(\boldsymbol{x}) + p_2 f_2(\boldsymbol{x})}, \ P(\boldsymbol{G}_2 \mid \boldsymbol{x}) = \frac{p_2 f_2(\boldsymbol{x})}{p_1 f_1(\boldsymbol{x}) + p_2 f_2(\boldsymbol{x})}$$

这时,两个总体的贝叶斯判别准则为

$$\boldsymbol{x} \in \boldsymbol{G}_1, P(\boldsymbol{G}_1 \mid \boldsymbol{x}) \geqslant P(\boldsymbol{G}_2 \mid \boldsymbol{x})$$
$$\boldsymbol{x} \in \boldsymbol{G}_2, P(\boldsymbol{G}_1 \mid \boldsymbol{x}) < P(\boldsymbol{G}_2 \mid \boldsymbol{x})$$

2)两个正态分布的贝叶斯判别

(1)两个总体协方差相等的情形。

设总体 $\boldsymbol{G}_1$ 和 $\boldsymbol{G}_2$ 的协方差矩阵相等,且为 $\boldsymbol{\Sigma}$,概率密度函数为

$$f_j(x) = \frac{1}{(2\pi)^{p/2} |\boldsymbol{\Sigma}|^{1/2}} \exp\left\{-\frac{1}{2}(\boldsymbol{x} - \boldsymbol{\mu}_j)^{\mathrm{T}} \boldsymbol{\Sigma}^{-1}(\boldsymbol{x} - \boldsymbol{\mu}_j)\right\}, j = 1,2$$

总体 $\boldsymbol{G}_1$ 和 $\boldsymbol{G}_2$ 的先验概率为 $p_1 = P(\boldsymbol{G}_1), p_2 = P(\boldsymbol{G}_2)(p_1 + p_2 = 1)$，则基于两个正态分布总体误判随时相等的贝叶斯判别准则为

$$\boldsymbol{x} \in \boldsymbol{G}_1, \quad 当 \omega_1(\boldsymbol{x}) \geqslant \omega_2(\boldsymbol{x})$$
$$\boldsymbol{x} \in \boldsymbol{G}_2, \quad 当 \omega_1(\boldsymbol{x}) < \omega_2(\boldsymbol{x})$$

其中，$\omega_j = (\bar{\boldsymbol{x}}^{(j)})^{\mathrm{T}} \boldsymbol{\Sigma}^{-1} \boldsymbol{x} - \frac{1}{2}(\bar{\boldsymbol{x}}^{(j)})^{\mathrm{T}} \boldsymbol{\Sigma}^{-1} \bar{\boldsymbol{x}}^{(j)} + \ln p_j \ (j = 1,2)$。

而基于两个正态分布总体后验概率的贝叶斯判别准则为

$$x \in \boldsymbol{G}_1, 当 d_1^2(\boldsymbol{x}) \leqslant d_2^2(\boldsymbol{x})$$
$$x \in \boldsymbol{G}_2, 当 d_1^2(\boldsymbol{x}) > d_2^2(\boldsymbol{x})$$

其中，$d_j^2(\boldsymbol{x}) = (\boldsymbol{x} - \bar{\boldsymbol{x}}^{(j)})^{\mathrm{T}} \boldsymbol{\Sigma}^{-1}(\boldsymbol{x} - \bar{\boldsymbol{x}}^{(j)}) - 2\ln p_j (j = 1,2)$。

在实际问题中，关于先验概率 p_1 和 p_2，通常采用以下两种方法选取：

——按等概率选取，即 $p_1 = p_2 = \frac{1}{2}$。

——按训练样本的容量 n_1、n_2 的比例选取，即

$$p_1 = \frac{n_1}{n_1 + n_2}, \quad p_2 = \frac{n_2}{n_1 + n_2}$$

由于通常情况下，总体的均值和协方差矩阵是未知的，这时候，可以通过训练样本的均值估计，用混合样本方差来估计总体的协方差矩阵。

(2)两个总体协方差不相等的情形。

如果总体方差不相等，且分别为 $\boldsymbol{\Sigma}_1$ 和 $\boldsymbol{\Sigma}_2$，概率密度函数为

$$f_j(x) = \frac{1}{(2\pi)^{p/2} |\boldsymbol{\Sigma}_j|^{1/2}} \exp\left(-\frac{1}{2}(\boldsymbol{x} - \boldsymbol{\mu}_j)^{\mathrm{T}} \boldsymbol{\Sigma}^{-1}(\boldsymbol{x} - \boldsymbol{\mu}_j)\right), j = 1,2$$

则基于两个正态总体误判损失相等的贝叶斯判别准则为

$$\boldsymbol{x} \in \boldsymbol{G}_1, \quad 当 d_1^2(\boldsymbol{x}) \leqslant d_2^2(\boldsymbol{x})$$
$$\boldsymbol{x} \in \boldsymbol{G}_2, \quad 当 d_1^2(\boldsymbol{x}) > d_2^2(\boldsymbol{x})$$

其中，$d_j^2(\boldsymbol{x}) = (\boldsymbol{x} - \bar{\boldsymbol{x}}^{(j)})^{\mathrm{T}} \boldsymbol{\Sigma}^{-1}(\boldsymbol{x} - \bar{\boldsymbol{x}}^{(j)}) - \ln|\boldsymbol{\Sigma}_j| - 2\ln p_j, j = 1,2$。

对于贝叶斯判别，MATLAB 提供了一系列的函数，用户可以根据训练样本建立一个贝叶斯分类器，利用这个分类器可以实现对未知类别样品的分类。

MATLAB 中部分关于贝叶斯判别的函数如表 8.6 所示。

表 8.6　贝叶斯判别函数

方法	说明
fitcnb	根据训练样本创建一个朴素贝叶斯分类器对象
predict	使用贝叶斯分类器对象对样本进行分类
templateNaiveBayes	朴素贝叶斯分类器模板

下面通过例题来介绍贝叶斯判别在 MATLAB 中的实现。

【例 8.7】表 8.7 是城市中空气各气体成分含量与污染分类的情况。使用贝叶斯判别法来

给待判断的空气(表 8.8)进行分类。

表 8.7　空气各气体成分含量与污染分类的情况

氯	硫化氯	二氧化硫	碳四	环氧氯丙烷	环己烷	污染类别
0.056 0	0.084 0	0.031 0	0.038 0	0.008 1	0.022 0	1
0.040 0	0.055 0	0.100 0	0.110 0	0.022 0	0.007 3	1
0.050 0	0.074 0	0.041 0	0.048 0	0.007 1	0.020 0	1
0.045 0	0.050 0	0.110 0	0.100 0	0.025 0	0.006 3	1
0.038 0	0.130 0	0.079 0	0.170 0	0.058 0	0.043 0	2
0.030 0	0.110 0	0.070 0	0.160 0	0.050 0	0.046 0	2
0.034 0	0.095 0	0.058 0	0.160 0	0.200 0	0.029 0	1
0.030 0	0.090 0	0.068 0	0.180 0	0.220 0	0.039 0	1
0.084 0	0.066 0	0.029 0	0.320 0	0.012 0	0.041 0	2
0.085 0	0.076 0	0.019 0	0.300 0	0.010 0	0.040 0	2
0.064 0	0.072 0	0.020 0	0.250 0	0.028 0	0.038 0	2
0.054 0	0.065 0	0.022 0	0.280 0	0.021 0	0.040 0	2
0.048 0	0.089 0	0.062 0	0.260 0	0.038 0	0.036 0	2
0.045 0	0.092 0	0.072 0	0.200 0	0.035 0	0.032 0	2
0.069 0	0.087 0	0.027 0	0.050 0	0.089 0	0.021 0	1

表 8.8　待判断样本

氯	硫化氯	二氧化硫	碳四	环氧氯丙烷	环己烷	污染类别
0.052 0	0.084 0	0.021 0	0.037 0	0.007 1	0.022 0	
0.041 0	0.055 0	0.110 0	0.110 0	0.021 0	0.007 3	
0.030 0	0.112 0	0.072 0	0.160 0	0.056 0	0.021 0	
0.074 0	0.083 0	0.105 0	0.190 0	0.020 0	1.000 0	

使用 MATLAB 输入以下命令:

```
training = [0.056  0.084  0.031  0.038  0.0081  0.022;
            0.040  0.055  0.100  0.110  0.0220  0.0073;
            0.050  0.074  0.041  0.048  0.0071  0.020;
            0.045  0.050  0.110  0.100  0.0250  0.0063;
            0.038  0.130  0.079  0.170  0.0580  0.043;
            0.030  0.110  0.070  0.160  0.0500  0.046;
            0.034  0.095  0.058  0.160  0.200   0.029;
            0.030  0.090  0.068  0.180  0.220   0.039;
            0.084  0.066  0.029  0.320  0.012   0.041;
            0.085  0.076  0.019  0.300  0.010   0.040;
            0.064  0.072  0.020  0.250  0.028   0.038;
            0.054  0.065  0.022  0.280  0.021   0.040;
            0.048  0.089  0.062  0.260  0.038   0.036;
            0.045  0.092  0.072  0.200  0.035   0.032;
            0.069  0.087  0.027  0.050  0.089   0.021];
group = [1;1 ;1 ;1 ;2 ;2 ;1; 1; 2 ;2 ;2 ;2 ;2 ;2 ;1];
sample = [0.052  0.084  0.021  0.037  0.0071  0.022;
```

```
        0.041   0.055   0.110   0.110   0.0210   0.0073;
        0.030   0.112   0.072   0.160   0.056    0.021;
        0.074   0.083   0.105   0.190   0.020    1.000];
model = fitcnb(training,group);
class = model.predict(sample)
```

运行后将会输出：

```
class =
    1
    1
    1
    1
```

结果说明,待判断样本的污染类别全部为 1。

2．多个总体的贝叶斯判别

1)多个总体协方差相等的情形

设 $G_j \sim N_p(\boldsymbol{\mu}_j,\boldsymbol{\Sigma})(j=1,2,\cdots,k)$。 线性判别函数为

$$W_j(\boldsymbol{x})=\boldsymbol{a}_j^{\mathrm{T}}\boldsymbol{x}+\boldsymbol{b}_j$$

其中, $\boldsymbol{a}_j^{\mathrm{T}}=\boldsymbol{\mu}_j^{\mathrm{T}}\boldsymbol{\Sigma}^{-1},\boldsymbol{b}_j=-\dfrac{1}{2}\boldsymbol{\mu}_j^{\mathrm{T}}\boldsymbol{\Sigma}^{-1}\boldsymbol{\mu}_j+\ln p_j(j=1,2,\cdots,k)$。

基于误判损失相等的贝叶斯判别准则为

$$\boldsymbol{x}\in\boldsymbol{G}_i,\text{若}\ W_i(\boldsymbol{x})=\max_{i\leqslant j\leqslant k}\{W_j(\boldsymbol{x})\}$$

基于后验概率的贝叶斯判别准则为

$$\boldsymbol{x}\in\boldsymbol{G}_i,\text{若}\ d_i^2(\boldsymbol{x})=\min_{i\leqslant j\leqslant k}\{d_j^2(\boldsymbol{x})\}$$

其中, $d_j^2(\boldsymbol{x})=(\boldsymbol{x}-\boldsymbol{\mu}_j)^{\mathrm{T}}\boldsymbol{\Sigma}^{-1}(\boldsymbol{x}-\boldsymbol{\mu}_j)-2\ln p_j(j=1,2,\cdots,k)$。

由于通常情况下,总体的均值和协方差矩阵是未知的,这时候,可以通过训练样本的均值估计,用混合样本方差来估计总体的协方差矩阵。

2)多个总体协方差不相等的情形

当各总体的协方差矩阵不同时,设 $G_j \sim N_p(\boldsymbol{\mu}_j,\boldsymbol{\Sigma})(j=1,2,\cdots,k)$,则基于后验概率的贝叶斯判别准则为

$$\boldsymbol{x}\in\boldsymbol{G}_i,\text{若}\ d_i^2(\boldsymbol{x})=\min_{i\leqslant j\leqslant k}\{d_j^2(\boldsymbol{x})\}$$

其中, $d_j^2(\boldsymbol{x})=(\boldsymbol{x}-\boldsymbol{\mu}_j)^{\mathrm{T}}\boldsymbol{\Sigma}^{-1}(\boldsymbol{x}-\boldsymbol{\mu}_j)+\ln|\boldsymbol{\Sigma}_j|-2\ln p_j(j=1,2,\cdots,k)$。

贝叶斯判别的有效性可以通过平均误判率来确定,至于平均误判率的定义及其性质,可以参考其他文献资料。

8.4　聚类分析

在社会经济问题中存在着大量的分类问题,如对我国各省、自治区、直辖市的发展情况进行分类,对学生的健康水平进行分类。在早期的分类工作中,人们通常是通过经验和专业知识进行分类,而很少利用数学知识。随着科学技术的发展,凭借经验和专业知识并不能对事物进

行准确的分类,于是人们将统计学引入分类工作中,然后就形成了数值分类学。近年来,数理统计的多元分析方法有了迅速的发展,多元分析技术自然被引入分类学中,所以聚类分析就从数值分类学中诞生出来。

聚类分析是一种定量方法,它是从数据分析的角度,对事物进行更为准确、细致的分类。它又称为群分析,是对多个样本(或指标)进行定量分类的一种多元统计分析方法。其中,对样本的分类通常称为 Q 型聚类分析,对变量进行分类通常称为 R 型聚类分析。本节将介绍距离聚类、系统聚类、K 均值聚类、模糊聚类等聚类方法,以及它们的 MATLAB 实现。

8.4.1　距离聚类

1. 向量的距离

在进行聚类之前,必然要求进行相关性或者相似性度量。在相似性度量的选择中,常常包含许多主观考虑,但最终要的是指标的性质(包括连续的、离散的、二态的)或观测的尺度(包括名义的、次序的、间隔的、比率的)及有关知识。

在进行聚类分析时,人们会很自然地想到用距离来刻画样品之间的相似性或者相关性。

假设有 n 个样本的 p 维观测数据,即
$$\boldsymbol{x}_i = [x_{i1}\quad x_{i2}\quad x_{i3}\quad \cdots\quad x_{ip}], \quad i = 1, 2, 3, \cdots, n$$
其中,每个样品可以看作是 p 维空间 Ω 上的一个点,即一个 p 维向量,两个向量之间的距离记为 $d(\boldsymbol{x}_i, \boldsymbol{x}_j)$,则距离应该满足以下条件:

(1) $d(\boldsymbol{x}_i, \boldsymbol{x}_j) \geqslant 0, \boldsymbol{x}_i, \boldsymbol{x}_j \in \Omega$。

(2) $d(\boldsymbol{x}_i, \boldsymbol{x}_j) = 0$ 当且仅当 $\boldsymbol{x}_i = \boldsymbol{x}_j$。

(3) $d(\boldsymbol{x}_i, \boldsymbol{x}_j) = d(\boldsymbol{x}_j, \boldsymbol{x}_i), \boldsymbol{x}_i, \boldsymbol{x}_j \in \Omega$。

(4) $d(\boldsymbol{x}_i, \boldsymbol{x}_j) \leqslant d(\boldsymbol{x}_i, \boldsymbol{x}_k) + d(\boldsymbol{x}_k, \boldsymbol{x}_j), \boldsymbol{x}_i, \boldsymbol{x}_k, \boldsymbol{x}_j \in \Omega$。

这些条件被称作正定性、对称性、三角不等式。在聚类分析中,最常用的就是闵氏距离,即
$$d_q(\boldsymbol{x}_i, \boldsymbol{x}_j) = \left[\sum_{k=1}^{p} |x_{ik} - x_{jk}|^q\right]^{\frac{1}{q}}$$

当 $q = 1, 2$ 或趋向于正无穷的时候,便可以得到绝对值距离、欧氏距离、切比雪夫距离。

值得注意的是,在采用闵氏距离时,应该采用相同量纲的变量,如果变量的量纲不一致且测量值变异范围相差悬殊,应该先对数据进行标准化处理,然后计算距离。同时,采用闵氏距离时,应该避免变量之间的多重相关性。由于闵氏距离具有这些缺陷,有时,会采用马氏距离进行改进。

马氏距离
$$d(\boldsymbol{x}, \boldsymbol{y}) = \sqrt{(\boldsymbol{x}_i - \boldsymbol{x}_j)^{\mathrm{T}} \boldsymbol{\Sigma}^{-1} (\boldsymbol{x}_i - \boldsymbol{x}_j)}$$
其中,$\boldsymbol{\Sigma}$ 表示样品之间的协方差矩阵。

在 MATLAB 中,计算距离的命令为 pdist,它的调用格式为:

```
D = pdist(X,distance)
```

其中,$\boldsymbol{X}$ 是一个矩阵,行表示样本,列表示指标。可选项 distance 表示距离类型,默认值为"euclidean",表示欧氏距离,也可以为"cityblock"(绝对值距离)、"chebychev"(切比雪夫距离)、"mahalanobis"(马氏距离)、"seuclidean"(方差加权距离)等。

在进行距离计算之前,有时候需要对数据进行预处理,如标准化等,在 MATLAB 中的命令是 zscore,其调用格式为:

```
Z = zscore(X)
```

其中,X 是一个矩阵,行表示样本,列表示指标。输出的是 X 的标准化矩阵,即

$$z = \frac{X - \bar{X}}{S}$$

下面通过例题来了解如何在 MATLAB 中求这些距离。

【例 8.8】表 8.9 是我国 8 个地区的社会经济方面的数据,为了研究区域的经济发展差异,需要利用统计资料对其进行分类,指标变量有 4 个,计算它们之间的欧氏距离、绝对值距离、切比雪夫距离和马氏距离。

表 8.9　我国部分地区社会经济方面数据

地区	社会消费品零售总额/万元	财政收入/万元	居民消费水平/元	商品房平均销售价格/(元/平方米)
北京	77 028 167	33 149 000	30 349.5	16 851.950 0
内蒙古	45 725 000	24 973 000	15 195.5	3 782.930 3
浙江	135 883 000	64 084 900	22 844.7	9 838.062 0
安徽	57 366 000	30 260 000	10 977.7	4 776.104 1
福建	72 565 000	17 762 100	16 143.9	7 764.289 2
江西	40 272 000	20 461 475	10 572.9	4 147.702 4
河南	109 156 000	20 406 000	10 380.3	3 500.797 7
新疆	18 586 000	9 091 000	10 675.1	3 548.787 4

使用 MATLAB,编写程序如下:

```
X = [77028167      33149000      30 349.5     16 851.95;
    45725000      24973000      15 195.5     3 782.930 3;
    135883000     64084900      22 844.7     9 838.062;
    57366000      30260000      10 977.7     4 776.104 1;
    72565000      17762100      16 143.9     7 764.289 2;
    40272000      20461475      10 572.9     4 147.702 4;
    109156000     20406000      10 380.3     3 500.797 7;
    18586000      9091000       10 675.1     3 548.787 4;
];
Z = zscore(X);
d1 = pdist(Z);    % 计算欧氏距离
D1 = squareform(d1)    % 将行向量 d1 转化为方阵
```

命令窗口将会输出:

```
D1 =
  1.0e + 08 *
    0         0.323 5   0.664 9   0.198 7   0.160 2   0.388 8   0.345 6   0.632 0
    0.323 5   0         0.982 8   0.127 9   0.277 9   0.070 8   0.636 0   0.314 4
    0.664 9   0.982 8   0         0.854 9   0.784 5   1.050 9   0.512 1   1.295 5
```

0.198 7	0.127 9	0.854 9	0	0.196 8	0.197 0	0.527 2	0.441 8
0.160 2	0.277 9	0.784 5	0.196 8	0	0.324 1	0.366 9	0.546 7
0.388 8	0.070 8	1.050 9	0.197 0	0.324 1	0	0.688 8	0.244 9
0.345 6	0.636 0	0.512 1	0.527 2	0.366 9	0.688 8	0	0.912 7
0.632 0	0.314 4	1.295 5	0.441 8	0.546 7	0.244 9	0.912 7	0

然后,继续编写程序如下:

```
d2 = pdist(Z,'cityblock');      % 计算绝对值距离
D2 = squareform(d2)             % 将行向量 d2 转化为方阵
d3 = pdist(Z,'chebychev');      % 计算切比雪夫距离
D3 = squareform(d3)             % 将行向量 d3 转化为方阵
d4 = pdist(Z,'mahalanobis');    % 计算马氏距离
D4 = squareform(d4)             % 将行向量 d4 转化为方阵
```

这样,便可求得其他三个类型的距离。

聚类分析不仅可以对样本进行分类,还可以对变量进行分类,在对变量进行分类的时候,通常采用相似系数来度量变量之间的相似性。

对 p 个指标进行聚类的时候,可以用相似系数来衡量变量之间的相似程度。如果用 r_{jk} 来表示变量 j,k 之间的相似程度,那么它应该具有以下三个性质:

(1) $|r_{jk}| \leqslant 1$ 且 $r_{jj} = 1$。

(2) $r_{jk} = r_{kj}$。

(3) $r_{jk} = \pm 1$,当且仅当 $j = mk$,$m \neq 0$ 时。

常用的相似性度量有相似系数和夹角余弦。假设有 n 个样本的 p 维观测数据,即

$$\boldsymbol{x}_i = \begin{bmatrix} x_{1i} & x_{2i} & x_{3i} & \cdots & x_{pi} \end{bmatrix} \quad (i = 1,2,3,\cdots,n)$$

用 $\boldsymbol{x}_j$ 和 $\boldsymbol{x}_k$ 来表示第 j 个指标和第 k 个指标,则

相关系数为

$$r_{jk} = \frac{\sum_{i=1}^{n}(x_{ij} - \overline{x}_j)(x_{ik} - \overline{x}_k)}{\left[\sum_{i=1}^{n}(x_{ij} - \overline{x}_j)^2 \sum_{i=1}^{n}(x_{ik} - \overline{x}_k)^2\right]^{1/2}}$$

夹角余弦为

$$r_{jk} = \frac{\sum_{i=1}^{n} x_{ij} x_{ik}}{\left(\sum_{i=1}^{n} x_{ij}^2 \sum_{i=1}^{n} x_{ik}^2\right)^{1/2}}$$

在 MATLAB 中,可以使用 corrcoef 函数计算相关系数。它的调用格式为:

```
R = corrcoef(A)
```

其中,$\boldsymbol{A}$ 表示 $\boldsymbol{X}$ 是一个 $m \times n$ 的矩阵,行表示样本,列表示指标。返回的是 $n \times n$ 的矩阵,表示各指标之间的相关系数。

夹角余弦可以通过以下命令来求:

```
>> A = training;
>> x = normc(A);      % 将 A 的各列化为单位向量
>> J = x' * x
```

2. 类间距离

前面介绍了向量之间的距离。在聚类算法中,两个类别之间的距离也是一个特别重要的概念。对于两个类别 G_1 和 G_2,类中样本的数量分别为 n_1 和 n_2,可以采用下面一系列方法来确定两个类别之间的距离。

(1) 最短距离法。

$$D(G_1, G_2) = \min_{\substack{x_i \in G_1 \\ x_j \in G_2}} \{d(x_i, x_j)\}$$

它可以理解为两个类别中最近的两个点的距离。

(2) 最长距离法。

$$D(G_1, G_2) = \max_{\substack{x_i \in G_1 \\ x_j \in G_2}} \{d(x_i, x_j)\}$$

它可以理解为两个类别中最远的两个点的距离。

(3) 重心法。

$$D(G_1, G_2) = d(\bar{x}_1, \bar{x}_2)$$

其中,$\bar{x}_1$、$\bar{x}_2$ 分别表示 G_1、G_2 的重心。它可以理解为重心之间的距离。

(4) 类平均法。

$$D(G_1, G_2) = \frac{1}{n_1 n_2} \sum_{x_i \in G_1} \sum_{x_j \in G_2} d(x_i, x_j)$$

它的直观意义是 G_1、G_2 中任意两个样本点间距离的平均。

(5) 离差平方和法。

若记

$$D_1 = \sum_{x_i \in G_1} (x_i - \bar{x}_i)^{\mathrm{T}} (x_i - \bar{x}_i)$$

$$D_2 = \sum_{x_j \in G_1} (x_j - \bar{x}_j)^{\mathrm{T}} (x_j - \bar{x}_j)$$

$$D_{12} = \sum_{x_k \in G_1 \cup G_2} (x_k - \bar{x}_k)^{\mathrm{T}} (x_k - \bar{x}_k)$$

则定义

$$D(G_1, G_2) = D_{12} - D_1 - D_2$$

如果 G_1 和 G_2 各自中的点距离很小,则 D_1 和 D_2 会很小。如果 G_1 与 G_2 充分分离,则 D_{12} 会很大。按照定义,两类之间的距离会很大。

8.4.2　系统聚类

系统聚类是被广泛使用的一种聚类方法。它类似于生物分类学中的分类方法,生物分类的单位有门、纲、目、科、属、种。其中,种是分类的基本单位,分类单位越小,其包含的生物就越少,生物之间的共同特征就越大。系统聚类的基本思想是:先把每个样品称作一类,然后定义类之间的距离或相似度,根据距离最近或相似度最大的原则将这些类聚合成小类,然后再按同样的法则将已聚合的小类再聚合,直至所有子类都聚为一个大类,从而得到按相似性大小聚结起来的系谱图。

系统聚类的基本步骤如下:

(1) 计算 n 个样品两两之间的距离或相似系数,得到实对称矩阵为

$$\boldsymbol{D}_0 = \begin{bmatrix} d_{11} & d_{12} & \cdots & d_{1n} \\ d_{21} & d_{22} & \cdots & d_{2n} \\ \vdots & \vdots & & \vdots \\ d_{n1} & d_{n2} & \cdots & d_{nn} \end{bmatrix}$$

（2）从 $\boldsymbol{D}_0$ 的非对角线上找最小元素（距离）或最大元素（相似度），设该元素为 d_{pq}，则将 p、q 聚为一类，即 $G_r = (G_p, G_q)$，并在 $\boldsymbol{D}_0$ 中去掉 G_p 和 G_q 所在的行与列，然后加上 G_r 与其余类的距离或者相似系数，这样就得到了 $n-1$ 阶的矩阵 $\boldsymbol{D}_1$。

（3）在矩阵 $\boldsymbol{D}_1$ 中重复步骤（2）中的做法得到矩阵 $\boldsymbol{D}_2$，直至全部样品聚成了一类为止。

（4）在合并过程中要记下合并样品的编号及两类合并时的水平，并绘制系谱图。

MATLAB 中提供了 linkage 函数、dendrogram 函数、cluster 函数用于实现系统聚类。

linkage 的调用格式为：

```
Z = linkage(X,method)
```

其中，$\boldsymbol{X}$ 为一个矩阵，行表示样本，列表示指标。*method* 为可选项，默认值为"single"，表示根据最短距离的方法来进行聚类。其他距离函数如表 8.10 所示。

表 8.10　距离函数

方法	描述
average	类平均距离
centroid	重心距离
complete	最长距离
median	加权重心距离
single	最短距离
ward	离差平方和距离
weighted	加权平方和距离

输出的 $\boldsymbol{Z}$ 是一个 $n-1$ 行 3 列的聚类树矩阵，其中第 1 列和第 2 列为正整数聚类索引编号，第 3 列为聚类的水平，每一行在相同聚类水平上将个体合并为一个新类，每生成一个新类，其编号在现有基础上增加 1。

dendrogram 适用于绘制系谱图的指令，其基本的调用格式为：

```
dendrogram(tree,P)
```

其中，*tree* 表示一个 $(P-1)$ 行 3 列的聚类树矩阵，与 linkage 函数输出的结果一致。P 表示样本容量。输出结果将是绘制出一个树谱系聚类图即系谱图，每两类通过线段连接，高度表示类间的距离。

cluster 函数用于输出聚类结果，它的调用格式为：

```
T = cluster(Z, k)
```

其中，$\boldsymbol{Z}$ 表示一个 $(P-1)$ 行 3 列的聚类树矩阵，与 linkage 函数输出的结果一致。k 表示分类数目。输出结果为一个 n 行 1 列的列向量，每个元素为正整数，表示其属于第几类。

下面，通过例题来介绍这些函数的使用。

【例 8.9】为了研究世界各国森林、草原资源的分布规律，共抽取了 21 个国家的数据，每个国家 4 项指标，原始数据如表 8.11 所示。试使用该原始数据对国别进行聚类分析。

表 8.11 21 个国家森林、草原资源分布数据

编号	国别	森林面积 /万公顷	森林覆盖率 /%	林木蓄积量 /亿立方米	草原面积 /万公顷
1	中国	11 978	12.5	93.5	31 908
2	美国	28 446	30.4	202.0	23 754
3	日本	2 501	67.2	24.8	58
4	德国	1 028	28.4	14.0	599
5	英国	210	8.6	1.5	1 147
6	法国	1458	26.7	16.0	1 288
7	意大利	635	21.1	3.6	514
8	加拿大	32 613	32.7	192.8	2 385
9	澳大利亚	10 700	13.9	10.5	45 190
10	俄罗斯	92 000	41.1	841.5	37 370
11	捷克	458	35.8	8.9	168
12	波兰	868	27.8	11.4	405
13	匈牙利	161	17.4	2.5	129
14	南斯拉夫★	929	36.3	11.4	640
15	罗马尼亚	634	26.7	11.3	447
16	保加利亚	385	34.7	2.5	200
17	印度	6 748	20.5	29.0	1 200
18	印度尼西亚	2 180	84.0	33.7	1 200
19	尼日利亚	1 490	16.1	0.8	2 090
20	墨西哥	4 850	24.6	32.6	7 450
21	巴西	57 500	67.6	238.0	15 900

★ 本表是历史数据样本。1992 年该国已分解为几个国家。

使用 MATLAB 输入以下命令：

```
X = [...];  % 数据见表8.11,这里从略
Z = linkage(X,'ward');
dendrogram(Z,21)
```

将会输出如图 8.5 所示图形。

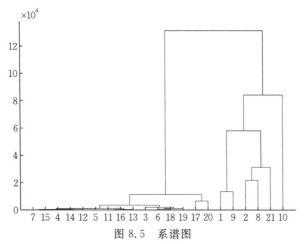

图 8.5 系谱图

如果想查看将其分为 4 类的分类结果,可以输入:

```
class = cluster(Z,4)
```

结果将输出:

```
class =
     1
     2
...
     4
     4
     4
     2
```

8.4.3　K 均值聚类

系统聚类是将每个样品看成一类,通过比较距离的大小逐步扩充类,所以,对于一定的数据,系统聚类一定能将样品合成一类,分类结果唯一。然而,系统聚类有一个缺点,就是样品一旦被分到某一类就不能改变,当样本容量较大时,计算量也相应地变大。为了克服这个缺点,就诞生了 K 均值聚类,K 均值聚类也被称为快速聚类法或动态聚类法。由于简捷和高效率,K 均值聚类成为所有聚类算法中最为广泛使用的。

K 均值聚类算法的基本思想是:如果要将对象分成 K 类,则先从数据集合中随机选取 K 个对象作为初始的聚类中心,然后计算每个对象与各自聚类中心的距离,并将每个对象分配给距离它最近的聚类中心。聚类中心和分配给它们的对象就代表一个类,这样就将数据集合分割成了 K 个类。然后,每个聚类的聚类中心会根据聚类中现有的对象被重新计算。这个过程将不断重复直到满足某个终止条件。终止条件可以是没有(或最小数目)对象被重新分配给不同的聚类,没有(或最小数目)聚类中心再发生变化,或误差平方和局部最小。

K 均值聚类的算法步骤为:

(1)先从数据集合中随机选取 K 个初始聚类中心。

(2)按照距离最小的原则将所有样品分配到 K 个类别中。

(3)计算每个类的平均值,用平均值代替类的中心。

(4)按照样本到类中心的距离,重新分配到最近的类。

(5)判断是否满足误差平方和准则函数,如果满足,则停止,否则,转步骤(2)。

这里的准则函数为 $J = \sum\limits_{i=1}^{K} \sum\limits_{p \in G_i} \| p - z_i \|^2$,其中 G_i 表示第 i 类的集合,z_i 表示第 i 个聚类的聚类中心。

在 MATLAB 中,实现 K 均值聚类的函数是 kmeans,它的基本调用格式为:

```
idx = kmeans(X,k)
```

其中,X 为一个矩阵,行表示样本(N 个),列表示指标。K 表示类别数。这个函数中采用的距离默认为欧氏距离。返回的 idx 是 N 行 1 列的列向量,包含样本的类别信息,其中第 i 行的值为 v 就说明第 i 个样本属于第 v 个类。

kmeans 函数也有其他调用格式,例如:

```
idx = kmeans(X,k,Name,Value)
[idx,C] = kmeans(__)
[idx,C,sumd] = kmeans(__)
[idx,C,sumd,D] = kmeans(__)
```

其中,**C** 是一个矩阵,表示类中心的位置,**sumd** 是一个向量,表示点到类中心的距离和,**D** 是一个矩阵,表示样本点到类中心的距离。

【例 8.10】通过一些随机生成的数据介绍 kmeans 函数的使用。

编写脚本文件,内容如下:

```
clear;clc
x1 = 25 * rand(2,25);
x2 = 25 * rand(2,25) + [30;30];
x3 = 25 * rand(2,25) + [30;0];
X = [x1,x2,x3];
idx = kmeans(X,3);
figure
hold on
for i = 1:75
    view(2)
    if idx(i) == 1
        scatter(X(1,i),X(2,i),'or');
    elseif idx(i) == 2
        scatter(X(1,i),X(2,i),'*r');
    elseif idx(i) == 3
        scatter(X(1,i),X(2,i),'fill','r');
    end
end
```

执行,将生成如图 8.6 所示图形。

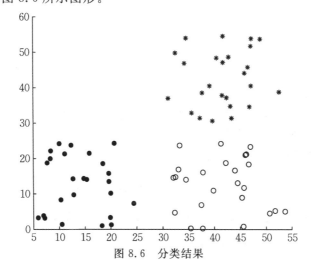

图 8.6　分类结果

从图 8.6 中可以看出,分类结果良好。

但是,由于 K 均值聚类受初始聚类中心选取的影响较大,所以 K 均值聚类常常是不稳定的。

8.4.4　模糊聚类分析

模糊数学的理论是在 20 世纪 60 年代由美国著名控制论专家扎德(L. A. Zadeh)教授提出的,他在 1965 年发表《模糊集合》,这标志着模糊数学这门学科的诞生。模糊数学中用模糊集合代替原来的经典集合,把经典数学模糊化。将模糊数学的理论应用到聚类分析,这便产生了模糊聚类分析。本节主要介绍模糊 C 均值聚类及其 MATLAB 实现。

1. 模糊聚类中的几个基本概念

1)特征函数

对于一个普通集合 A,空间中任一元素 x,要么属于 A,要么不属于 A,两者必居其一,这种特征可以用一个函数表示,即

$$A(x) = \begin{cases} 1, x \in A \\ 0, x \notin A \end{cases}$$

此函数为集合 A 的特征函数。

例如,一个商店完成其计划年销售额定义为 1,该商店没有完成销售任务定义为 0,用特征函数来表示就是

$$A(x) = \begin{cases} 1, \text{完成任务} \\ 0, \text{未完成任务} \end{cases}$$

2)隶属函数

若要了解商店的计划销售额完成程度,只用特征函数是远远不够的。模糊数学把它推广到 $[0,1]$ 这个闭区间中,即用 0 至 1 之间的一个数来表示,这个数叫作隶属度。用函数来表示变化规律时,它就叫作隶属度函数。即

$$0 \leqslant A(x) \leqslant 1$$

就上面的例子,如果这个商店完成了销售额的 80%,可以说,这个企业完成年计划销售额的隶属度是 0.8。隶属度是特征函数概念的推广,特征函数描述了空间元素之间是否有关联,而隶属度描述了这种关联的大小程度。

2. 模糊 C 均值聚类

模糊 C 均值聚类(FCM)是用隶属度来确定每个数据点属于某个聚类的程度的算法。它作为早期硬 C 均值聚类(HCM)方法的改进而被提出。

设 $X = \{x_1, x_2, \cdots, x_n\}$ 为样品集,n 为样品容量。在模糊聚类中,它被分成 c 个模糊组,并求每组的聚类中心,使得非相似性指标的价值函数达到最小。用 u_{ij} 来表示第 j 个元素对第 i 个模糊组的隶属程度。其中,u_{ij} 必须满足

$$\sum_{i=1}^{c} u_{ij} = 1 \quad (j = 1, 2, 3, \cdots, n)$$

模糊 C 均值聚类就是通过求解如下优化问题来实现聚类的,即

$$\text{minimize } J_m(U, V) = \sum_{j=1}^{n} \sum_{i=1}^{c} u_{ij}^m \| x_j - v_i \|^2$$

其中，$v = \{v_1, v_2, v_3, \cdots, v_c\}$ 是聚类中心；$m > 1$ 是加权指数，m 的大小能影响聚类的效果。

聚类中心和隶属度矩阵可以通过下面两个公式计算得到，即

$$v_i = \frac{\sum\limits_{j=1}^{n} u_{ij}^m x_j}{\sum\limits_{j=1}^{n} u_{ij}^m}$$

$$u_{ij} = \frac{1}{\sum\limits_{k=1}^{c} \left(\dfrac{d_{ij}}{d_{kj}}\right)^{2/(m-1)}}$$

这里的距离采用的是欧氏距离。

模糊 C 均值聚类是一个不断重复的过程，直到达到控制误差范围之内为止。

模糊 C 均值聚类的具体步骤如下：

(1) 确定分类数 c 和加权指数 m，值在 0 至 1 间的随机数初始化隶属矩阵 $U = (u_{ij})$，且必须满足 $\sum\limits_{i=1}^{c} u_{ij} = 1, j = 1, 2, 3, \cdots, n$。

(2) 计算 c 个聚类中心 V。

(3) 计算新的隶属度矩阵 U。

(4) 计算 $J_m(U, V)$，如果其小于给定的阈值，则聚类过程结束，否则返回步骤(2)。

在 MATLAB 中，用于进行模糊 C 均值聚类的函数是 fcm，它的调用格式为：

```
[centers,U] = fcm(data,Nc)
```

其中，data 表示 X 为一个 $n \times p$ 的矩阵，行表示样本，列表示指标。Nc 表示预先给定的分类数。输出的 *centers* 是一个 Nc 行 p 列的矩阵，表示聚类中心。U 表示 Nc 行 n 列的隶属度矩阵，每列元素之和均为 1，其中 $U(i, j)$ 表示第 j 个个体属于第 i 列的隶属度。

下面通过例题来介绍这个函数的使用。

【例 8.11】用模糊 C 均值聚类对 Fisher 的 Iris 数据进行聚类(Iris 是常用的分类实验数据集，也称为鸢尾属植物数据集，是一类多重变量分析的数据集。包含 150 个数据样本，分为 3 个类，每类 50 个数据。可通过花萼长度、花萼宽度、花瓣长度、花瓣宽度 4 个属性预测鸢尾花卉属于 Setosa、Versicolour、Virginica 三个种类中的哪一类。该数据集的作者为 Fisher)。

在 MATLAB 中编写程序如下：

```
load fisheriris
[center u] = fcm(meas,3);
index1 = find(u(1,:) == max(u))
index2 = find(u(2,:) == max(u))
index3 = find(u(3,:) == max(u))
```

将会输出：

```
index1 =
52 54 55 56 57 58 59 60 61 62 63 64 65 66 67 68 69 70 71 72
73 74 75 76 77 79 80 81 82 83 84 85 86 87 88 89 90 91 92 93
94 95 96 97 98 99 100 102 107 114 120 122 124 127 128 134 139 143 147 150
index2 =
```

```
51 53 78 101 103 104 105 106 108 109 110 111 112 113 115 116 117 118 119 121
123 125 126 129 130 131 132 133 135 136 137 138 140 141 142 144 145 146 148 149
index3 =
1 2 3 4 5 6 7 8 9 10 11 12 13 14 15 16 17 18 19 20
21 22 23 24 25 26 27 28 29 30 31 32 33 34 35 36 37 38 39 40
41 42 43 44 45 46 47 48 49 50
```

这里例子中采用的距离是欧氏距离,加权指数 $m=2$。如果要使用加权系数为 3,可以使用命令:

```
[center u] = fcm(meas,3,3)
```

8.5　层次分析

层次分析法(analytic hierarchy process,AHP)是对一些较为复杂、较为模糊的问题做出决策的简易方法,它特别适用于那些难以完全定量分析的问题。

8.5.1　基本原理与步骤

人们在进行社会、经济及科学管理领域问题的系统分析中,面临的常常是一个由相互关联、相互制约的众多因素构成的复杂而往往缺少定量数据的系统。层次分析法为这类问题的决策和排序提供了一种新型、简捷而实用的建模方法。运用层次分析法建模,大体上可按如下步骤进行:

(1)建立递阶层次结构模型。

(2)构造出各层次中的所有判断矩阵。

(3)层次单排序及一致性检验。

(4)层次总排序及一致性检验。

下面分别说明这四个步骤的实现过程。

1)递阶层次结构的建立与特点

应用层次分析法分析决策问题时,首先要把问题条理化、层次化,构造出一个有层次的结构模型。在这个模型下,复杂问题被分解为元素的组成部分。这些元素又按其属性及关系形成若干层次。上一层次的元素作为准则对下一层次有关元素起支配作用。这些层次可以分为三类:

(1)最高层:这一层次中只有一个元素,一般它是分析问题的预定目标或理想结果,因此也称为目标层。

(2)中间层:这一层次中包含了为实现目标所涉及的中间环节,它可以由若干个层次组成,包括所需考虑的准则、子准则,因此也称为准则层。

(3)最底层:这一层次包括了为实现目标可供选择的各种措施、决策方案等,因此也称为措施层或方案层。

递阶层次结构中的层次数与问题的复杂程度及需要分析的详尽程度有关,通常层次数不受限制。每一层次中各元素所支配的元素一般不要超过 9 个,这是因为支配的元素过多会给两两比较判断带来困难。

2) 构造判断矩阵

层次结构反映了因素之间的关系,但准则层中的各准则在目标衡量中所占的比重并不一定相同,在决策者的心目中,它们各占有一定的比例。

在确定影响某因素的诸因子在该因素中所占的比重时,遇到的主要困难是这些比重常常不易定量化。此外,当影响某因素的因子较多,直接考虑各因子对该因素有多大程度的影响时,常常会因考虑不周全、顾此失彼而使决策者提出与他实际认为的重要性程度不一致的数据,甚至有可能提出一组隐含矛盾的数据。为看清这一点,可作如下假设:将一块重为 1 千克的石块砸成 n 小块,若要估计这 n 小块的重量占总重量的比例(各小石块的重量未知),则不仅很难给出精确的比值,而且完全可能因顾此失彼而提供彼此矛盾的数据。

设现在要比较 n 个因子 $X = \{X_1, \cdots, X_n\}$ 对某因素 Z 的影响大小,怎样比较才能提供可信的数据呢? 可以采取对因子进行两两比较建立成对比较矩阵的办法。即每次取两个因子 X_i 和 X_j 对 Z 的影响大小之比,全部比较结果用矩阵 $A = (a_{ij})_{n \times n}$ 表示,称 A 为 Z、X 之间的成对比较判断矩阵(简称判断矩阵)。容易看出,若 X_i 和 X_j 对 Z 的影响大小之比为 a_{ij},则 X_j 和 X_i 对 Z 的影响大小之比应为 $a_{ji} = \dfrac{1}{a_{ij}}$。

若矩阵 $A = (a_{ij})_{n \times n}$ 满足① $a_{ij} > 0$,② $a_{ji} = \dfrac{1}{a_{ij}}(i, j = 1, 2, \cdots, n)$,则称之为正互反矩阵(易见 $a_{ii} = 1, i = 1, \cdots, n$)。

关于如何确定 a_{ij} 的值,建议引用数值 1～9 及其倒数作为标度。表 8.12 列出了 1～9 标度的含义。

表 8.12　标度含义

标度	含　义
1	表示两个因素相比,具有相同重要性
3	表示两个因素相比,前者比后者稍重要
5	表示两个因素相比,前者比后者明显重要
7	表示两个因素相比,前者比后者强烈重要
9	表示两个因素相比,前者比后者极端重要
2,4,6,8	表示上述相邻判断的中间值
倒数	若因素 i 与因素 j 的重要性之比为 a_{ij},那么因素 j 与因素 i 的重要性之比为 $a_{ji} = 1/a_{ij}$

最后,应该指出,一般地做 $\dfrac{n(n-1)}{2}$ 次两两判断是必要的。 有人认为把所有元素都和某个元素比较,即只做 $n-1$ 次比较就可以了。这种做法的弊病在于,任何一个判断的失误均可导致不合理的排序,而个别判断的失误对于难以定量的系统往往是难以避免的。 进行 $\dfrac{n(n-1)}{2}$ 次比较可以提供更多的信息,通过各种不同角度的反复比较,从而导出一个合理的排序。

3) 层次单排序及一致性检验

判断矩阵 A 对应于最大特征值 $\lambda_{\max}$ 的特征向量 W,经归一化后即为同一层次相应因素对于上一层次某因素相对重要性的排序权值,这一过程称为层次单排序。

上述构造成对比较判断矩阵的办法虽能减少其他因素的干扰,较客观地反映出一对因子影响力的差别。但综合全部比较结果时,其中难免包含一定程度的非一致性。如果比较结果是前后完全一致的,则矩阵 A 的元素还应当满足 $a_{ij}a_{jk}=a_{ik}$, $\forall i,j,k=1,2,\cdots,n$。满足关系式 $a_{ij}a_{jk}=a_{ik}$, $\forall i,j,k=1,2,\cdots,n$ 的正互反矩阵称为一致矩阵。

需要检验构造出来的(正互反)判断矩阵 A 是否严重地非一致,以便确定是否接受 A。

定理 1　正互反矩阵 A 的最大特征根 $\lambda_{\max}$ 必为正实数,其对应特征向量的所有分量均为正实数。A 的其余特征值的模均严格小于 $\lambda_{\max}$。

定理 2　若 A 为一致矩阵,则

(1) A 必为正互反矩阵。

(2) A 的转置矩阵 A^{T} 也是一致矩阵。

(3) A 的任意两行成比例,比例因子大于零,从而 $\mathrm{rank}(A)=1$(同样,A 的任意两列也成比例)。

(4) A 的最大特征值 $\lambda_{\max}=n$,其中 n 为矩阵 A 的阶。A 的其余特征根均为零。

(5)若 A 的最大特征值 $\lambda_{\max}$ 对应的特征向量为 $W=\begin{bmatrix}W_1 & W_2 & \cdots & W_n\end{bmatrix}^{\mathrm{T}}$,则 $a_{ij}=\dfrac{W_i}{W_j}$, $\forall i$, $j=1,2,\cdots,n$,即

$$A=\begin{bmatrix} \dfrac{W_1}{W_1} & \dfrac{W_1}{W_2} & \cdots & \dfrac{W_1}{W_n} \\ \dfrac{W_2}{W_1} & \dfrac{W_2}{W_2} & \cdots & \dfrac{W_2}{W_n} \\ \vdots & \vdots & & \vdots \\ \dfrac{W_n}{W_1} & \dfrac{W_n}{W_2} & \cdots & \dfrac{W_n}{W_n} \end{bmatrix}$$

定理 3　n 阶正互反矩阵 A 为一致矩阵当且仅当其最大特征根 $\lambda_{\max}=n$,且当正互反矩阵 A 非一致时,必有 $\lambda_{\max}>n$。

根据定理 3,可以由 $\lambda_{\max}$ 是否等于 n 来检验判断矩阵 A 是否为一致矩阵。由于特征根连续地依赖于 a_{ij},故 $\lambda_{\max}$ 比 n 大得越多,A 的非一致性程度也就越严重,$\lambda_{\max}$ 对应的标准化特征向量也就越不能真实地反映出 $X=\{X_1,X_2,\cdots,X_n\}$ 在对因素 Z 的影响中所占的比重。因此,对决策者提供的判断矩阵有必要做一次一致性检验,以决定是否能接受它。

对判断矩阵的一致性检验的步骤如下:

(1)计算一致性指标 CI,即

$$CI=\frac{\lambda_{\max}-n}{n-1}$$

(2)查找相应的平均随机一致性指标 RI。对 $n=1,2,\cdots,9$,表 8.13 给出了 RI 的值。

表 8.13　平均随机一致性指标 RI

n	1	2	3	4	5	6	7	8	9
RI	0	0	0.58	0.90	1.12	1.24	1.32	1.41	1.45

RI 值的计算方法为:用随机方法构造 500 个样本矩阵,随机地从 1～9 及其倒数中抽取数

字构造正互反矩阵,求得最大特征根的平均值 $\lambda'_{\max}$,并定义

$$RI = \frac{\lambda'_{\max} - n}{n - 1}$$

(3)计算一致性比例 CR,即

$$CR = \frac{CI}{RI}$$

当 $CR < 0.10$ 时,认为判断矩阵的一致性是可以接受的,否则应对判断矩阵做适当修正。

(4)层次总排序即一致性检验。

上面得到的是一组元素对其上一层中某元素的权重向量。最终要得到各元素,特别是最低层中各方案对于目标的排序权重,从而进行方案选择。总排序权重要自上而下地将单准则下的权重进行合成。层次总排序合成表如表 8.14 所示。

表 8.14 层次总排序合成表

A 层 B 层	A_1 a_1	A_2 a_2	$\cdots$ $\cdots$	A_m a_m	B 层总排序权值
B_1	b_{11}	b_{12}	$\cdots$	b_{1m}	$\sum_{j=1}^{m} b_{1j}a_j$
B_2	b_{21}	b_{22}	$\cdots$	b_{2m}	$\sum_{j=1}^{m} b_{2j}a_j$
$\vdots$	$\vdots$	$\vdots$	$\vdots$	$\vdots$	$\vdots$
B_n	b_{n1}	b_{n2}	$\cdots$	b_{nm}	$\sum_{j=1}^{m} b_{nj}a_j$

设上一层次(A 层)包含 $A_1, A_2, \cdots, A_m$ 共 m 个因素,它们的层次总排序权重分别为 $a_1, a_2, \cdots, a_m$,其后的下一层次(B 层)包含 n 个因素 $B_1, B_2, \cdots, B_n$,它们关于 A_j 的层次单排序权重分为 $b_{1j}, b_{2j}, \cdots, b_{nj}$(当 B_I 与 A_j 无关联时,$b_{ij} = 0$)。现求 B 层中各因素关于总目标的权重,即求 B 层各因素的层次总排序权重 $b_1, b_2, \cdots, b_n$,计算按表 8.14 所示方法进行。

对层次总排序也需做一致性检验,检验仍像层次总排序那样由高层到低层逐层进行。这是因为虽然各层次均已经通过层次单排序的一致性检验,各成对比较判断矩阵都具有较为满意的一致性。但当综合考察时,各层次的非一致性仍有可能积累起来,引起最终分析结果较严重的非一致性。

设 B 层中与 A_j 相关的因素的成对比较判断矩阵在单排序中经一致性检验,求得单排序一致性指标为 $CI(j)(j=1,2,\cdots,m)$,相应的平均随机一致性指标为 $RI(j)$($RI(j)$ 已在层次单排序时求得),则 B 层总排序随机一致性比例为

$$CR = \frac{\sum_{j=1}^{m} CI(j)a_j}{\sum_{j=1}^{m} RI(j)a_j}$$

当 $CR < 0.10$ 时,认为层次总排序结果具有较满意的一致性并接受该分析结果。

8.5.2 层次分析法的应用

【例 8.12】协助毕业生挑选合适的工作。经双方恳谈,已有三个单位表示愿意录用某毕业

生。该生根据已有信息建立了一个层次结构模型,如图 8.7 所示。

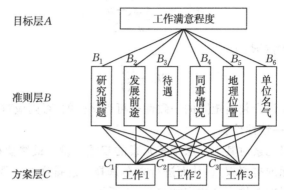

图 8.7　毕业生找工作层次结构模型

准则层的判断矩阵如表 8.15 所示。

表 8.15　准则层判断矩阵

A	B_1	B_2	B_3	B_4	B_5	B_6
B_1	1	1	1	4	1	1/2
B_2	1	1	2	4	1	1/2
B_3	1	1/2	1	5	3	1/2
B_4	1/4	1/4	1/5	1	1/3	1/3
B_5	1	1	1/3	3	1	1
B_6	2	2	2	3	3	1

方案层的判断矩阵如表 8.16 所示。

表 8.16　方案层判断矩阵

B_1	C_1	C_2	C_3	B_2	C_1	C_2	C_3	B_3	C_1	C_2	C_3
C_1	1	1/4	1/2	C_1	1	1/4	1/5	C_1	1	3	1/3
C_2	4	1	3	C_2	4	1	1/2	C_2	1/3	1	1/7
C_3	2	1/3	1	C_3	5	2	1	C_3	3	1	1
B_4	C_1	C_2	C_3	B_5	C_1	C_2	C_3	B_6	C_1	C_2	C_3
C_1	1	1/3	5	C_1	1	1	7	C_1	1	7	9
C_2	3	1	7	C_2	1	1	7	C_2	1/7	1	1
C_3	1/5	1/7	1	C_3	1/7	1/7	1	C_3	1/9	1	1

层次总排序的结果如表 8.17 所示。

表 8.17　层次总排序结果

准则		研究课题	发展前途	待遇	同事情况	地理位置	单位名气	总排序权值
准则层权值		0.150 7	0.179 2	0.188 6	0.047 2	0.146 4	0.287 9	
方案层单排序权值	工作 1	0.136 5	0.097 4	0.242 6	0.279 0	0.466 7	0.798 6	0.395 2
	工作 2	0.625 0	0.333 1	0.087 9	0.649 1	0.466 7	0.104 9	0.299 6
	工作 3	0.238 5	0.569 5	0.669 4	0.071 9	0.066 7	0.096 5	0.305 2

根据层次总排序权值,该生最满意的工作为工作 1。

计算的 MATLAB 程序如下：

```
clc,clear
fid = fopen('txt3.txt','r');
n1 = 6;n2 = 3;
a = [];
for i = 1:n1
tmp = str2num(fgetl(fid));
a = [a;tmp]; %读准则层判断矩阵
end
for i = 1:n1
str1 = char(['b',int2str(i),'= [];']);
str2 = char(['b',int2str(i),'= [b',int2str(i),';tmp];']);
eval(str1);
for j = 1:n2
tmp = str2num(fgetl(fid));
eval(str2); %读方案层的判断矩阵
end
end
ri = [0,0,0.58,0.90,1.12,1.24,1.32,1.41,1.45]; %一致性指标
[x,y] = eig(a);
lamda = max(diag(y));
num = find(diag(y) == lamda);
w0 = x(:,num)/sum(x(:,num));
cr0 = (lamda - n1)/(n1 - 1)/ri(n1)
for i = 1:n1
[x,y] = eig(eval(char(['b',int2str(i)])));
lamda = max(diag(y));
num = find(diag(y) == lamda);
w1(:,i) = x(:,num)/sum(x(:,num));
cr1(i) = (lamda - n2)/(n2 - 1)/ri(n2);
end
cr1, ts = w1 * w0, cr = cr1 * w0
```

纯文本文件 txt3.txt 中的数据格式如下：

1	1	1	4	1	1/2
1	1	2	4	1	1/2
1	1/2	1	5	3	1/2
1/4	1/4	1/5	1	1/3	1/3
1	1	1/3	3	1	1
2	2	2	3	3	1
1	1/4	1/2			
4	1	3			
2	1/3	1			

1	1/4	1/5
4	1	1/2
5	2	1
1	3	1/3
1/3	1	1/7
3	1	1
1	1/3	5
3	1	7
1/5	1/7	1
1	1	7
1	1	7
1/7	1/7	1
1	7	9
1/7	1	1
1/9	1	1

参考文献

陈杰,2007.MATLAB宝典[M].北京:电子工业出版社.

查普曼,2018.MATLAB程序设计[M].北京:机械工业出版社.

何晓辉,2008.多元统计分析[M].北京:中国人民大学出版社.

刘正君,2012.MATLAB科学计算宝典[M].北京:电子工业出版社.

王沫然,2004.MATLAB与科学计算[M].2版.北京:电子工业出版社.

王正林,龚纯,何倩,2012.精通MATLAB科学计算[M].北京:电子工业出版社.

吴礼斌,李柏年,2017.MATLAB数据分析方法[M].北京:机械工业出版社.

薛定宇,陈阳泉,2008.高等应用数学问题的MATLAB求解[M].2版.北京:清华大学出版社.

薛毅,2011.数值分析与科学计算[M].北京:科学出版社.

余胜威,2015.MATLAB数学建模经典案例实战[M].北京:清华大学出版社.

张元林,2018.积分变换[M].北京:高等教育出版社.